上海出版资金项目
Shanghai Publishing Funds

"科创之光"书系(第一辑)

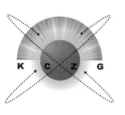

智能电网
智慧互联的"电力大白"

上海科学院 上海产业技术研究院 组编
李琦芬 刘华珍 杨涌文 刘晓婧 主编

U0395892

上 海 科 学 普 及 出 版 社

图书在版编目(CIP)数据

智能电网：智慧互联的"电力大白"/李琦芬等主编.—上海：上海科学普及出版社，2018.1（2021.10重印）
（"科创之光"书系.第一辑/上海科学院，上海产业技术研究院组编）
ISBN 978-7-5427-7040-0

Ⅰ.①智… Ⅱ.①李… Ⅲ.①智能控制-电网 Ⅳ.①TM76

中国版本图书馆CIP数据核字（2017）第235604号

书系策划　　张建德
责任编辑　　林晓峰　　吕　岷
美术编辑　　赵　斌
技术编辑　　葛乃文

"科创之光"书系（第一辑）

智能电网
——智慧互联的"电力大白"

上海科学院　上海产业技术研究院　组编
李琦芬　刘华珍　杨涌文　刘晓婧　主编
上海科学普及出版社出版发行
（上海中山北路832号　邮政编码200070）

http://www.pspsh.com

各地新华书店经销　　上海万卷印刷股份有限公司印刷
开本 787×1092　1/16　印张 10　字数 135 000
2018年1月第1版　　2021年10月第4次印刷

ISBN 978-7-5427-7040-0　定价：38.00元

《"科创之光"书系(第一辑)》编委会

本书编委会

主编： 李琦芬　　刘华珍　　杨涌文　　刘晓婧

编委： 李琦芬　　刘华珍　　杨涌文　　刘晓婧
　　　　宋丽斐　　俞光灿　　潘登宇　　杨镇阁
　　　　谢　伟　　王朝龙　　胡慧忠　　钱凡悦
　　　　张丽婷　　刘　尧　　牛亚琳

序

　　"苟日新，日日新，又日新。"这一简洁隽永的古语，展现了中华民族创新思想的源泉和精髓，揭示了中华民族不断追求创新的精神内涵，历久弥新。

　　站在 21 世纪新起点上的上海，肩负着深化改革、攻坚克难、不断推进社会主义现代化国际大都市建设的历史重任，承担着"加快向具有全球影响力的科技创新中心进军"的艰巨任务，比任何时候都需要创新尤其是科技创新的支撑。上海"十三五"规划纲要提出，到 2020 年，基本形成符合创新规律的制度环境，基本形成科技创新中心的支撑体系，基本形成"大众创业、万众创新"的发展格局。从而让"海纳百川、追求卓越、开明睿智、大气谦和"的城市精神得到全面弘扬；让尊重知识、崇尚科学、勇于创新的社会风尚进一步发扬光大。

　　2016 年 5 月 30 日，习近平总书记在"科技三会"上的讲话指出："科技创新、科学普及是实现创新发展的两翼，要把科学普及放在与科技创新同等重要的位置。没有全民科学素质普遍提高，就难以建立起宏大的高素质创新大军，难以实现科技成果快速转化。"习近平总书记的重要讲话精神对于推动我国科学普及事业的发展，意义十分重大。培养大众的创新意识，让科技创新的理念根植人心，普遍提高公众的科学素养，特别是培养和提高青少年科学素养，尤为重要。当前，科学技术发展日新月异，业已渗透到经济社会发展的各个领域，成为引领经济社会发展的强大引擎。同时，它又与人们的生活息息相关，极大地影响和改变着我们的生活和工作方式，体现出强烈的时代性特征。传播普及科学思想和最新科技成果是我们每一个科技人义不容辞的责任。《"科创之光"书系》的创意由此而萌发。

　　《"科创之光"书系》由上海科学院、上海产业技术研究院组织相关领域的专家学者组成作者队伍编写而成。本书系选取具有中国乃至国际最新和热点的科技项目与最新研究成果，以国际科技发展的视野，阐述相关技术、学科或项目的历史起源、发展现状和未来展望。书系注重科技前瞻性，文字内容突出科普性，以图文并茂的形式将深奥的最新科技创新成果浅显易懂地介绍给广大读者特别是青少年，引导和培养他们爱科学和探索科技新知识的兴趣，彰显科技创新给人类带来的福祉，为所有愿意探究、立志创新的读者提供有益的帮助。

　　愿"科创之光"照亮每一个热爱科学的人，砥砺他们奋勇攀登科学的高峰！

上海科学院院长、上海产业技术研究院院长

钮晓鸣

前　言

　　在全球经济一体化进程不断深入与城市化建设规模持续扩大的背景下，亟需重造集约、平等、协同、共享的能源生态。电网的使命是适应能源革命下电源结构的转型：需要满足大规模远距离输电的需求；大规模可再生能源接入电网的需求；提高电网安全性和供电可靠性的需求；提高电网和终端用户能源利用效率的需求；提高电网的智能化与可靠性等。因此，人们在期待一个坚强智能，同时自身具有极强自愈能力的"电网超人"出现。

　　在美国迪士尼动画片《超能陆战队》中机器人大白不仅能够"治愈疾病和伤痛"，守护一切生命，同时拥有无比强大的自我修复能力。在真实的电力世界中，被认为是21世纪电力系统的重大科技创新，"电力大白"——智能电网的出现，也是能源革命中世界电力系统的发展趋势。智能电网融合了信息、控制、电力电子等技术，不仅能够支持大规模新能源电力，大幅降低大电网的安全风险，而且具有强大的自调自愈能力。

　　发展智能电网是推动能源变革和第三次工业革命的必由之路。2016年国家发改委、国家能源局正式发布《电力发展"十三五"规划》（2016—2020年），提出升级改造配电网、推进智能电网建设等重要任务。

本书分为5个部分详细介绍"电力大白"——智能电网。首先通过美加大停电、全球资源和环境等问题分析电网发展面临新课题和新挑战，介绍危机中"电力大白"的出现。由于各国对智能电网的理解因国情的不同而多有不同之处，因此，第一部分详细介绍了"电力大白"家族。

第二部分介绍随着人类社会信息化的快速发展，人们对电力供应的开放性和互动性要求越来越高，"电力大白"基于传统电网的传承与发展。

第三部分讲述"电力大白"如何通过核心要素、核心技术，如新能源技术、分布式发电技术、大规模储能技术、超远距离超大规模输电技术、智能控制技术与信息通信技术，将传统电网带入全新的智能电网时代。

第四部分通过未来人类生活的场景，介绍"电力大白"与物联网的深度融合将带动智能终端、智能传感器等产业的发展；"电力大白"作为未来智慧能源中的资源配置中心，实现能源互联、能源综合利用；"电力大白"通过广泛覆盖的基础设施和对信息网络的全面感知进行数据传送和整合应用，推动智慧城市的发展。

近年来，智能电网的发展给相关专业的发展带来了前所未有的机遇，希望读者能通过本书了解智能电网领域的技术发展现状和前沿技术，开拓技术视野，为从事相关领域的学习及研究提供参考。

感谢上海电力学院、上海新能源科技成果转化与产业促进中心、上海科学院以及上海科学普及出版社诸同事在编写过程中提供的指导和帮助。同时，我们还参考了同行们的相关研究成果，在此表示对他们的敬意和感谢。由于学术水平所限，书中的疏漏在所难免，望各位读者谅解和指正。

编　者
2017 年 9 月

电力大白人物介绍

《超能陆战队》里的"守护型暖男"——大白，您很熟悉吧？您是否也在期待有一个这样美好的安全陪伴。

其实，人类电力智慧互联世界里也有着这样的守护者——智能电网（电力大白）。今天我们给您讲述的中国电力大白，来自智能电网的大家族，它的国籍为中国。它有很多兄弟姐妹，分布于世界其他电力大国，是人类电力智慧互联安全可靠的守护神。

◇ 电力大白主要电力来源于火电、水电、核电等，但同时它能够实时接受和珍惜来自大自然的馈赠，灵活、高效地获取分布式光伏风电等能源，实现分布式能源与集中供能系统协调发展，满足人类城市能源多元化的发展需求，即接入"高效节俭的分布式能源"。

◇ 拥有独特魔力，为人们生活的小区、校园或办公楼建出独立的隐形电厂，即"自产电的建筑虚拟电厂"。

◇ 拥有完善的电力输配系统，就像人类的循环血液一样高效工作着。有坚强的主动脉（以特高压电网为骨干网架）、智能化的各级动脉及毛细血管系统（灵活交流输电技术，来提高线路输送能力和电压、潮流控制的灵活性。先进的巡线技术，输电线状态监测、脆弱性评估及灾害预警等实现输电线路巡视自动化、智能化、集约化），因此能够灵活高效地输送电能，可称得上"会掐算的高效输配电"。

◇像反刍动物一样，电力大白拥有"储存胃"，可囊括现代最先进的移动便携、安全、稳定的储能技术，进行"稍纵即逝的电能的存储"。

◇有电力大白的陪伴，人类可以随时驾驶"吞吐电能的新能源电动汽车"，开始一趟说走就走的旅行。当然，新能源电动汽车也是电力大白繁星点点的能量袋，可以在它高负荷工作时，提供能量补充，聚少成多，积小成巨。

◇电力大白具有高度的智能化，就像人的神经系统感知着电网的变化。通过神经末梢（智能电表），为人类的生活提供最人性化、最经济的用电及售电方案，即"出谋划策的智能电表"。

……

我们的电力大白是不是超炫？想了解它更多的才能吗？来吧，开卷有益，电力大白欢迎您！欢迎来到智能电网的世界！

目　录

智能电网缘起
——从"三根电线"引发的美加大停电说起

　　2003 年 8 月 14 日，原本是个普普通通的夏日，却让北美的居民刻骨铭心。正常情况下，俄亥俄州输电潮流从南部和东部注入俄亥俄州北部和密歇根州东部。其中，Stuart-Atlanta 345 kV 线路是从俄亥俄州西南部至俄亥俄州北部输电通道的一部分，在那天下午该线路经过部分地区发生灌木着火而导致线路断开。着火产生的过热空气使线路上方空气电离而发生导线短路。因此，14：02 俄亥俄州西南部线路断开。15：05—15：41 俄亥俄州东部和北部之间的三条线路断开（Harding-Chamberlain 345 kV 线路、Hanna-Juniper 345 kV 线路、Star-South Canton 345 kV 线路由于触到树木对地短路而分别跳闸）。

　　通常，这种电力故障一旦出现，当地电力企业调度室就会发出报警信号，调度员便与相邻地区的调度员联系，及时调整电力传输路径，绕过故障地点。然而，在那一天，报警软件也出现了故障，致使当地调度员未能发现这一问题。与故障线路相连的整个电力系统绵延数百英里，为美国俄亥俄州、密歇根州、美国东北部各州以及加拿大安大略省提供大量电力，而系统中的其他调度员对此故障浑然不觉。故障点周围的输电线原本已处于满负荷运行状态，则被迫超负荷运转。

　　16：06，Sammis-Star 345 kV 线路跳闸，俄亥俄州东部到北部的剩余线路跳闸。紧接着 16：08—16：10，俄亥俄州西北部线路跳闸、密歇根中部发电机跳开。紧接着，一座发电厂也停止发电，破坏了整个电力系统的平衡，越来越多的输电线和发电厂相继脱离系统，连锁反应持续发生，让使用着老旧设备监控北美大部分电网的调度员措手不及。美国和加拿大的 100 多座电厂，其中包括 22 座核电站自动"保护性关闭"。

　　连锁反应持续发生，短短 8 分钟，美国 8 个州和加拿大两个省，总共 5 000 万人失去了电力供应，工作和生活受到了严重的影响。停电的代价非常昂贵，美林公司首席经济专家戴维·罗森堡说，这次停电对美国国内生产总值带来的经济损失估计在每天 250 亿～300 亿美元。

2003 年美加大停电的影响范围
（图片来源：网络）

停电造成整个交通系统陷入全面瘫痪，地铁列车停在隧道中，成千上万的乘客被困在漆黑的地铁隧道里。美国纽约、底特律、克利夫兰的各大机场许多航班被取消，大批旅客滞留机场。第二天，交通信号灯仍没有恢复正常，成千上万的纽约市民一大早起来就陷入混乱，街头更是一团糟。

位于曼哈顿岛东部的联合国总部大楼电力和通讯完全中断，多项重要会议不得不推迟。电梯救援行动多达 800 次，紧急求救电话接近 8 万次，急诊医疗服务求助电话也达创纪录的 5 000 次。

停电期间，工厂被迫停产，银行歇业，商店摸黑经营，信息传输中断。饭店、超市以及其他经营易变质食品的行业损失高达

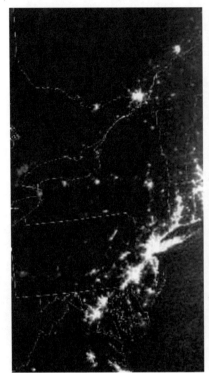

美加大停电前后的卫星拍摄图
（图片来源：网络）

8 亿美元。美国三大汽车制造商的 54 座工厂的流水线停产。尤其是对硅谷地区高科技企业来说，据硅谷地区 Larry Owens 电力公司估计，一次停电事故使 Sun Microsystems 公司每分钟损失 100 万美元。据惠普公司估计，一次 20 分钟的停电事故导致一家电路制造工厂损失 3 000 万美元。同时，遭遇断电的美国密歇根州和俄亥俄州部分地区面临缺水威胁等。

此次停电持续了 29 个多小时后，北美大部分停电地区基本上恢复了电力供应。这是堪比"9·11"事故的北美历史上发生过的最大的停电事故。

美加电力系统停电事故分析专家小组 2004 年 4 月公布了调查结果，2003 年的美加大面积停电事故的直接原因就是如开头描述的那样：由于俄亥俄州的一家电力公司没有及时修剪树木，导致在用电高峰期，高压电缆下垂，触到树枝而短路。短路的电缆造成这家发电厂的输电线跳闸，最终在整个电网系统中触发多米诺骨牌效应。

这个多米诺骨牌效应是传统电网故障时的常见现象。美国电网于 20 世纪 60 年代扩建的电力系统已经老化，负荷的不断增加和发电机组容量的加大，电网承受越来越大的压力，造成美国电网十分脆弱。同时，电网中缺乏同步实时数据监控、事故预警和自动调节的装置，使得各种极端天气的灾害也成为不断可能出现的危害节点，一触即发。

这一大停电事故的发展，使得全球为之瞠目结舌。各国都在反思这个日益被依赖的电力系统的可靠性。供电可靠性是电力系统的生命线，如何保障电网安全，提高电网的智能化与可靠性，是每一个国家必须面对的问题。人类似乎都在期待一个坚强智能，同时具有极强自愈能力的电网超人（智能电网）的出现，它就是电力世界的大白。

电力大白现世
——危机中发展起来的智能电网

人类赖以生存的地球蕴藏着丰富的能源，是人类社会发展的重要保障。

但是近百年来，人类对于地球能源生产消费持续增长，煤炭、石油等化石能源的开发利用，引发了资源紧张、环境污染、气候变化等全球性难题，对人类生存和发展构成严重威胁。因此，当下建立安全可靠、经济高效、清洁环保的现代能源供应体系，保证人类共享文明美好的明天，成为世界各国共同的战略目标。

气候变化引发自然灾害
（图片来源：网络）

环境污染
（图片来源：网络）

在人类日常生活中，电力应用最为广泛。自第二次工业革命以来，电力就开始走进人类的生活，电力技术的每一次进步都极大地促进了社会发展。1866年西门子发明了自励式直流发电机，1879年爱迪生发明了电灯，1896年特斯拉的两相交流发电机开始营运。这三大发明开启了电气化的大门。将电能自发电端（供能侧）输送（输配侧）至用电端（需求侧）而形成的复杂网络——电网也就应运而生了。电，无处不在，无声无息，极大地丰富了人类的生活，是人类社会进步的不竭动力。

然而，随着电网的不断发展，其中涉及或衍生出的矛盾也越来越多。为应对社会进步日益增长的负荷需求，发电机组容量在不断增加，电网却不断出现陈旧和老化现象，因此，电网承受着越来越大的压力。外来因素对电网造成的影响也不容小觑，强风、地震、冰雪等自然灾害也在不时地考验着电网的安全，增加了电网安全可靠运行的诸多变数。

同时，为防止环境污染的加剧，可再生能源成为未来的发展趋势。据国际能源署统计的电力数据，2015年底，全球电力总装机容量为 6 400 GW，其中可再生能源发电装机容量为 1 985 GW，煤电装机容量为 1 951 GW。这是历史上可再生能源装机容量首

资源紧缺
（图片来源：网络）

次超过煤电装机容量。虽然 2015 年可再生能源装机容量已经占全球总装机容量的 31%，但是发电量仅占 23%；煤电装机容量占全球的 30%，发电量则占全球的 40%。其中，在可再生能源的发电量中，水电占绝对优势（达到 71%），其次是风电（15%）、生物质发电（8%）、太阳能发电（4%）、其他（2%）。大量可再生能源并入电网，增加了电网的波动，大规模的消纳可再生能源发电量成为当今最为棘手的问题。

可再生能源发电占比

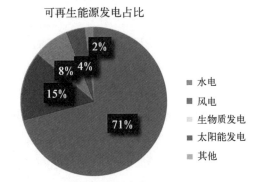

- 水电
- 风电
- 生物质发电
- 太阳能发电
- 其他

2015 年可再生能源发电占比

　　虽然电网供能侧和输配侧的形势变得越来越复杂，然而需求侧的形势却是越来越明显——人们对电力的需求越来越高。人类对电力系统的依赖也达到了惊人的程度，一次短暂的停电造成的损失丝毫不亚于一场大地震所造成的损失，保证电力系统的安全已经成为人类社会不懈的追求。

　　在上述发展大背景下，人类逐渐对建设安全可靠的电网基本达成了一致共识，特别是进入 21 世纪以来，高新科技飞速发展，人们关于未来电网的蓝图也渐渐清晰，依托传感测量、信息通信、自动控制、新能源等新技术的快速发展，电网开始向着智能化、信息化、互动化发展，由此，智能电网也开始从萌芽状态渐渐发展成型。

　　世界电力大国对于智能电网的研究基本上处于同时起步阶段，各国对智能电网的理解因国情的不同而多有不同之处。各国智能电网出现的机缘不同，但是保证电力能源的任务与使命却是相同的。随着各国一个个坚强智能，同时自身具有极强自愈能力的电网超人（智能电网）的出现，一个智慧互联的电力世界大白家族也应运而生。

在电力大白家族中有许多不同国籍的兄弟姐妹，它们年龄相仿，是随着人类社会不断发展和文明程度不断进步，在危机中发展起来的电力守护神。大白家族的成员们分别出自不同国籍里聪明的充满责任感的人类工程师们创造之手，他们是 SMART 一族，虽然相互之间还不曾谋面，但是在未来能源互联网的时代，将会执手相看！

大停电的终结者——美国智能电网

美国智能电网——美国"电力大白"，是"电力大白"家族的大哥，也是美国大停电的终结者，它的出现源自美国的三次大停电事故。第一次发生在 1965 年 11 月，一轮巨大的满月在纽约

1965 年加拿大与美国东北部停电时的一幕
（图片来源：网络）

上空为夜空勾勒出一条怪异的弧线，灯不亮了，唱片机不响了，除了人们的抱怨、咒骂再也听不到其他声音，连最基本的用水等生活问题也变得困难起来，这是发生在加拿大与美国东北部的停电时的一幕。其后，1977 年纽约的大停电和 2003 年美国东北部和加拿大的大停电，让人类至今心有余悸。有数据显示，至 2008 年，美国家庭年平均停电时间仍高达 86 分钟。

与此同时，美国频发的各种极端天气带来的灾害也激发了人们对提高现代电网可靠性和应对能力的关注。在 2012 年的超级风暴"桑迪"之后，纽约州和新泽西州州长为基础设施强化和升级制定了数十亿美元的投资计划。新泽西州的电力和天然气公共服务公司提出了能源强化计划，在 10 年内投资 39 亿美元，以提高和强化脆弱的变电站，提高对智能电网技术故障的检测和应对，并加强或埋藏配电线路等。

历次的大停电事故给美国造成了极大地损失，引发深刻的思考，那么美国电网究竟存在哪些问题呢？电力大白大哥又是什么时候被人类创造出来的呢？

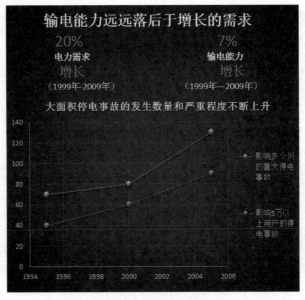

输电能力落后增长需求

在"电力大白"出现之前，美国电网有两个方面的问题是绕不过去的，首先美国是全世界最先广泛使用电力的国家，在标准制定等方面具有较大的优势，较早地享受了电力化带来的成果。但随着时间的流逝，早早建立起来的电网由于年久失修，之后则在自然演进、修修补补之下进行连接，且随着负荷的不断增加，发电机组容量的加大，给电网越来越大的压力，造成美国电网十分脆弱。

其次，美国的电力产业是在自由市场中从无到有、逐步发展出来的。在这样的

美国输电线方面的投入不断减少

历史背景下，美国电力产业结构的发展呈碎片化趋势，电网的产权结构支离破碎，分别隶属于超过 500 家的公司与组织。由于电力产业具有垄断性，各个电力公司在当地都是垄断行业。支离破碎的电网结构不利于规模经济，发电业无法形成自由竞争的市场。因此，20 世纪 90 年代进行的"电力市场自由化"改革中，"智能电网"受到关注，有人提出"电力大白"家族的"大哥"需要及时出现。可是由于操之过急，管控不当，导致当时出现了许多中小电力公司，输配电责任不清晰，最终收效甚微，屡次引发大规模停电。

2003 年 4 月，美国的《电网 2030 规划》对电力大白，即智能电网给出如下定义：一个完全自动化的电力传输网络，能

2000—2030年美国智能电网分阶段规划		
·装配智能电表	·用户侧支持即插即用设备	
·智能化家庭应用	·自动调整电力质量参数	·全自动需求响应
·配网初步智能化	·高温超导发电站及变压器	·配电网具有电力储存设备
·使用高级复合导线	·长距离超导电缆	·超导骨干网
	2010	2020	2030

够监视和控制每个用户和电网节点，保证从电厂到终端用户整个输电、配电、用电过程中所有节点之间的信息和电能的双向流动。

2008年的经济危机席卷了全球，作为发源地与重灾区，美国政府提出了兼顾实现低碳社会和经济发展的"绿色新政"。这一政策以节能、可再生能源以及电动汽车为核心，将智能电网的发展作为拉动未来美国经济的重要支柱之一。美国政府投资总计100亿美元，用于新一代智能电网建设和安装各种控制设备，旨在激活相关产业、创造就业机会和实现社会环境的低碳化。同时，随着原油价格高涨和全球变暖等问题的催化，智能电网在美国加速发展起来。

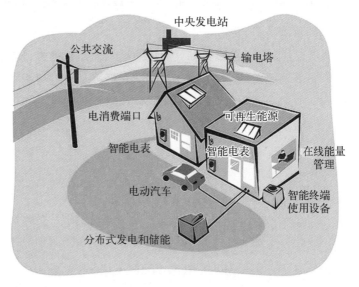

美国智能电网概念图

小贴士

智能电网的主要特征

（1）互动。电网与用户之间信息互动是智能电网中的关键环节，用户作为需求侧的终端可以为供能侧提供用电量、用电习惯等信息，这些信息可以让供能侧更好的优化服务，甚至预测电网走势，科学合理地安排统筹供电；电网作为供能侧的主要部分，可以为用户提供能源价格、电网状况等信息，为用户科学决策用电提供保障。

（2）经济。从微观上看，用户可以尽量避免峰时用电，在降低了用户的用电费用的同时，也为电网的相关设施提供保护；从宏观上看，智能电网可以促进相关领域的技术创新，推动装备制造和信息通信等产业升级，扩大就业，优化资源配置，降低电网损耗，提高能源利用率。

（3）集成。智能电网更加提高了管理力度，有能量管理系统（Energy Management System，EMS）、配电管理系统（Distribution management system，DMS）、分布式能源系统（Distributed energy system，DES）等管理系统，对各类信息、能流高度集成管理，促进电网向标准化、规范化、精益化发展。

（4）清洁。智能电网可显著提高对清洁能源的接入、消纳和调节能力，减少因用电而给环境带来的污染。据美国联邦能源信息局提供的数据显示，目前美国约有 10% 的电力来自可再生能源。

清洁能源与可再生能源的接受者
——欧盟智能电网

欧盟的"电力大白"在"电力大白"家族中是最聪明的，其消纳清洁能源与可再生能源的能力是家族中最能干的。

欧洲的经济发展水平较高，人文历史悠久，对环保的要求更高。因此，欧洲的能源选择更加青睐清洁能源、可再生能源，利用较多的有核能、风能、太阳能、生物质能等。欧洲人尤其希望利用一年四季均吹偏西风的地理优势，进行风力发电，并提出了到 2020 年为止，欧盟的风力发电量占比达到 20% 的目标。但由于风能自身特性，其发电输出并不稳定，2006 年 11 月爆发的史上最大规模的欧洲大停电事故殃及了 11 个国家，这次事件的主要原因是错误地估计了风力发电量。因此，关于电网的信息化程度有待提高。

此外，由于输电网成网状结构，而且各国电网的运行模式不尽相同，当供需不平衡时，极易引发"潮流迂回问题"，这给电网带来了很大的不安全因素，时刻考验着电网的安全性。

基于以上问题，同时为了推动欧洲的可持续发展，减少能源消耗及温室气体排放，欧洲推进了智能电网的发展。欧洲智能电网工作小组将智能电网定义为：一个能够高效整合所有联网用户（包括发电厂、用户以及同时生产和消耗电力的用户）行为与行动的电力系统，该系统支持经济高效、可持续的运营模式及低损耗、高质量的安全供电。欧洲智能电网的目标是支撑可再生能源以及分布式能源的灵活接入，以及向用户提供双向互动的信息交流等功能。欧盟计划在 2020 年实现清洁能源及可再生能源占其能源总消费 20% 的目标，并完成欧洲电网互通整合等核心变革内容。

综上所述，欧洲智能电网主要驱动力和利益是：一方面是减少 CO_2 的排放，另一方面将大量分布式能源接入电网。通过智能电网技术大规模部署，推动减排发展的同时，对能源的多元化产生积极影响，提高能源安全。

小贴士

清洁能源：即绿色能源，是指不排放污染物、能够直接用于生产生活的能源，它包括核能和"可再生能源"。

可再生能源：原材料可以再生的能源，如水力发电、风力发电、太阳能、生物能（沼气）、地热能（包括地源和水源）海潮能这些能源。

欧洲智能电网的发展主要是以欧盟为主导，由其制定整体目标和方向，并提供政策及资金支撑。其发展呈现出以下几个特征：

（1）灵活。满足社会用户的多样性增值服务。

（2）易接入。保证所有用户的链接畅通，尤其是可再生能源和清洁能源的方便接入。

（3）可靠。保证供电的可靠性，减少停电故障；保证供电质量，满足用户供电要求。

（4）经济。实现有效的资产管理，提高设备利用率。

欧洲智能电网建设突破口是进行输电网络的智能化，其发展历程大致如下：

年 份	智能电网建设事件
2002 年	欧盟签署京都议定书，以达到至 2020 年减排 CO_2 20% 的目标（以 2000 年的排放量为准）
2005 年	欧盟提出了类似的"Smart Grid"的概念
2006 年	《欧洲可持续的、竞争的安全的用电策略》强调欧洲已经进入了一个新能源时代，并对发展智能电网技术达成了基本共识
2008 年	欧洲公用事业电信联合会规划制订智能电网的发展目标，并已有大量的电力企业在发输配售等环节开展了智能电网的建设
2009 年	欧盟要求依靠智能电网技术将北海和大西洋的海上风电、欧洲南部和北非的太阳能融入欧洲电网
2010 年	以英国、法国、德国为代表的欧洲北海国家正式提出联手打造可再生能源超级电网，该工程将把苏格兰和比利时以及丹麦的风力发电、德国的太阳能电池板与挪威的水力发电站连成一片，实现可再生能源大规模集成

年　份	智能电网建设事件
2011 年	欧盟委员会发布了《智能电网：从创新到部署》，并于 2011 年底，发布了《2050 能源路线图》，确定了推动未来欧洲电网部署的政策方向
2012 年	欧盟 27 个成员国及其联系国克罗地亚、瑞士和挪威共 30 个国家投入智能电网研发创新活动。欧盟第七研发框架计划资助支持的研发项目主要集中在三大领域：电力消费用户与输电网的双向连接技术、提高输电网能效技术、ICT 输电网应用技术

欧洲智能电网项目的分布并不均匀，其中比较出色的有丹麦、德国等。

丹麦电网将清洁能源的消纳作为智能电网的一个重要指标，目前 40% 的电力由可再生能源供应。在热电联产领域（CHP）全球领先，有 670 家分散在全国各地的热电联产设施，80% 的区域集中供暖来自热电联产。全国发电量的 12% 都来自生物质和有机垃圾热电联产设施。部分生物质燃料都来自秸秆和可生物降解垃圾，其中 30% 是从东欧国家和加拿大进口的木质颗粒和木屑。此外，丹麦的电动汽车与电网互动（Vehicle-to-Grid，V2G）计划也在努力落实当中，目前已经使某岛屿的风力发电使用量由原来的 20% 提高了一倍。其他的项目，比如燃料电池试点工程、生物质能源利用等也在如火如荼的发展当中。各种项目的实施落地促进了丹麦的清洁能源比重不断上升。

德国智能电网的发展方向主要集中在：① 确立发展清洁能源的长远目标；② 利用先进的储能技术大力发展太阳能和电动汽车产业；③ 积极推进信息技术与能源产业的结合工作。目前，德国能源署的工作处于能源转型的第二阶段：解决能源转型过程出现的问题，比如分布式系统的入网问题、能源进一步提高问题以及电力与交通、供热等其他系统之间的连接问题等。其目标为：到 2050 年，德国能源供应体系要发生根本性的变革，将传统发电（化石燃料发电）占总发电量80%的情况，转变为可再生能源发电占总量的80%，可再生能源将转变为德国能源供应的主要支柱，并配备上必要的电网、电厂和蓄电技术，最终形成安全、环保和可支付的能源供应体系。从2015年开始，德国能源署开始重点研究未来分布式系统下的能源服务，主要是调频服务。未来，随着越来越多电动汽车的加入并参与调频，以及智能电网数字化的发展，其对市场变化精准的预测、调节提出了更高的要求。

英国监管机构天然气和电力市场办公室（Ofgem）在2009年8月宣布了智能电网建设计划，开始在智能电网研究和示范项目方面进行了大量投资。Ofgem建立了着眼于支持电网创新的价格控制模型，并创立了5亿英镑的低碳网络基金（LCNF）及其后续项目——电网创新竞赛（ENIC）。承接创新项目、尝试新型电网技术和方案的电网公司不仅从这些竞赛计划中获取资金，还通过电网创新补贴（NIA）和创新资金激励政策（IFI）来获取更多的有限资金。此外，英国还全面展开了智能电表安装计划，改进电网管理，促进供需体系的转变，其目标是2020年在全国所有2 600万个家庭安装智能电表。

2009年秋天，法国也发布了将再生能源纳入智能电网的计划。法国智能电网试点项目sogrid项目总耗资约2 700万欧元，其中，法国环境和能源管理机构提供1 200万欧元赞助。接入1 000多户家庭后在2015年9月至2016年6月期间在实际条件下进行测试，使系统中不同设备可以相互通信，旨在打造能够整合电动汽车、可再生能源和需求控制管理的智能电力网络，从而实现提高能效、降低成本、保护环境。

意大利不仅已有一大半的传统电表改换为智能电表，同时致力于将传统中压电网升级为现代智能电网的各类终端设备的研发和应用等工作。

能源自给自足的实现者
——日本智能电网

日本"电力大白"因为资源的束缚，全岛都在努力实践自给自足的目标，为该国的社会发展提供保障。

日本是东亚岛国，国土面积仅占世界陆地面积的0.25%，资源匮乏，节约能源、实现能源的自给自足是其长期的发展目标。为实现能源的自给自足，日本对核能寄予了很大的期望，数据显示，2004年日本能源自给率为22%，其中18%来自核电，剩余4%的自给率主要来自日本准国产化石油、天然气、水力、地热、太阳能和废弃物发电。

身处环太平洋地震带的日本国土时时刻刻都在风雨中飘摇，灾害频发。据朝日新闻讯，其地震等自然灾害占全世界的20%，活火山7%集中在日本。此外，还经常遭受台风以及暴风雪灾害。这给日本造成了难以挽回的损失，给日本的发展带来深远影响，尤其是在能源方面。

至今让人心有余悸的"3·11"东日本大地震造成日本福岛第一核电站1至4号机组发生核泄漏事故，核电机组停运，导致化

日本受到海啸的侵袭
（图片来源：网络）

石燃料成本提升、燃料成本增加、可再生能源发电附加费提高、平均电价不断提升。福岛核事故后，日本基本处于"零核电"状态，火力发电比例提高到90%。其中，液化天然气（LNG）发电占据了近50%的国内发电份额，LNG需求上升了24%。此外，为提高国内能源自给能力，日本政府制定新制度，加快引进可再生能源，同时通过节能、引入可再生能源及改善核电机组的效率水平，有效降低对于社会基础电力支撑核电的依赖度。

日本智能电网主要驱动力和利益在于：日本面临能源转型与气候变化的双重挑战，为解决能源转型中遇到的一系列问题，需要保持能源的自给自足；同时，由于地理位置的因素，日本地震等自然灾害频发，对日本电网的迅速应急能力提出更高的要求。

在日本人民满满的期待和努力中，日本电力大白逐渐强大。

年 份	智能电网建设事件
2009 年	日本开始实施《太阳能发电固定价格收购制度》，把全额采购的范围扩大到其他可再生能源，以鼓励其发展
2010 年	日本经产省下设的"新能源国际标准化研究会"发布《智能电网国际标准化路线图》，对智能电网进行了首次定义
2011 年	第13次"新时代能源·社会系统研讨会"上，日本正式提出了"日本版智能电网"，在原有中远期智能电网规划目标的基础上，进一步提出了智能社区的近期建设目标，并首次给出了智能电网完整的体系化发展理念
2014 年	日本修订《能源战略规划》，以"3E+S"（能源安全保障、经济性、环境适宜性原则和安全）为能源政策基础，构筑"多层次、多样化的柔性能源供应结构"
2015 年	日本政府更新了《能源战略规划》，对于不同能源种类做出了新的定位。其中显示，可再生能源是一种重要及非常有前景的能源种类，是低碳及国产能源，做出了加快引进可再生能源的决定。按照新的规划，到2030年，LNG将在日本的能源消费结构中占27%。与此同时，到2030年，核能及可再生能源发电量将分别占据总体发电量的22%

坚强可靠的节能减排实践者
——中国智能电网

目前中国已经成为世界上第二大经济体，伴随着改革开放巨大成就，出现了日益严重的环境污染，如雾霾、水资源枯竭、生态系统被破坏等问题。为解决环境和能源问题，中国政府一直在推行可再生能源的使用。

可再生能源的使用既可以提供清洁能源，又不会对环境造成污染，特别是近年来，光伏与风电的发展可谓是一日千里，各个大型风电厂、光伏电厂相继投运。数据显示，截至 2016 年 6 月底，中国风电并网容量达到 1.37 亿 kW，太阳能发电并网容量达到 6 304 万 kW。2017 年 1 月 29 日，国家能源局印发了《风电发展"十三五"规划》。《规划》明确，"十三五"期间，风电发展的目标和建设布局，并提出到 2020 年底，风电将新增装机容量 8 000 万 kW 以上，总投资将达到 7 000 亿元以上。

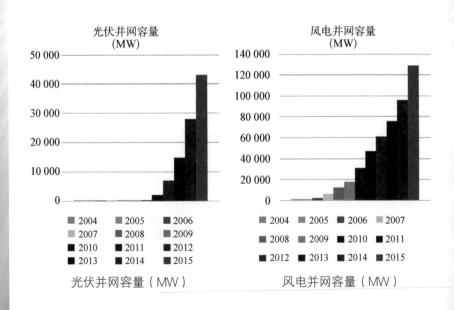

光伏并网容量（MW）　　　　风电并网容量（MW）

在我国使用可再生能源的过程中也衍生出了不少的问题。首先，大规模引入可再生能源也给电网带来了不小的压力，由于可再生能源的供给不稳定，对于供给侧来说，有的火力电厂不得不进行调峰，这大大提高了供电成本，反反复复的启停机

电压不稳对电器的影响
（图片来源：网络）

对设备造成不良影响；对输配侧来说，造成的影响同样也不可忽视，忽高忽低的电力输送时刻考验着电网的坚强可靠性，如同一根放水的水管，水流流量的突然增大或减小，都会对水管壁产生疲劳损伤，减少水管的使用寿命；对于需求侧来说，不稳定的供电会引起电压不稳定，从而对使用电器造成恶劣影响。

尤其在大力开发可再生能源的今天，中国政府在东北、西北、华北及沿海地区建设了大规模的风电基地，在太阳能资源丰富的西藏、新疆和内蒙古等西北部地区建设了相应的光伏发电基地，可是由于当地负荷低，如何消纳这些清洁能源成了一个大难题，大规模的可再生能源发电的投运中也遇到了很多困难，表现最明显的就是人们时常听到的"弃风"、"弃光"现象，对于此现象，相关专家认为，最大的原因还是电网建设速度跟不上清洁能源发展的速度。

小贴士

弃风：弃风，是指在风电发展初期，风机处于正常情况下，由于当地电网接纳能力不足、风电场建设工期不匹配和风电不稳定等自身特点导致的部分风电场风机暂停的现象。

弃光：弃光，放弃光伏所发电力，一般指的是不允许光伏系统并网，因为光伏系统所发电力功率受环境的影响而处于不断变

化之中，不是稳定的电源，电网经营单位以此为由拒绝光伏系统的电网接入。

　　保证消纳是系统问题，还需要整个电力市场建设和政策配套。目前，清洁能源大多依靠政府补贴度日，其发电的高成本引发了一系列的落实问题，比如风火发电权交易，火电厂向风电厂购买发电额，各取所需，这种配置不当的现象造成了清洁能源的变味，以及巨大的能源资源浪费。

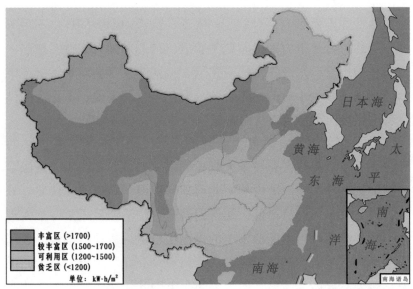

丰富区 (>1700)
较丰富区 (1500~1700)
可利用区 (1200~1500)
贫乏区 (<1200)
单位：kW·h/m²

审图号：GS（2016）2923号　　　　　　国家测绘地理信息局　监制

中国太阳能可利用情况

　　其次，跨省区的资源配置也出现了新的矛盾。中国中东部地区拥有接近45%的国土面积，居住了全国96%的人，因此能源大规模输送是国家必需的战略选择。从中国的能源结构和经济发展的角度思考，中国的能源消费需求主要集中在经济较为发达的中东部地区，而能源中心却集中在西北部地区。中国的能源禀赋决定了煤炭资源的主体地位，煤炭资源保有储量的76%分布在山西、内蒙古、陕西、新疆等北部和西部地区，随着中国能源开发西移和北移的速度加快，大型煤炭能源基地与能源消费地之间的输送距离越来越远，能源输送的规模越来越大。"西电东送"、"西气东输"、"北煤南运"已成为常态且发挥着重大的作用。然而"十三五"期间面临着一个新矛盾，就是对西部、北部的能源没有那么大的需求量了，比较效益的优势也减少了，所以造成了利益矛盾突出，特别是清洁能源。此外，清洁能源本身的成本偏高，需要补贴来支撑发展，这也是很大的隐患。新能源的最大问题不单是间歇性和价格高，还有低密度。低密度的能源单品，如果用高密度的方式来利用，代价是昂贵的，得不偿失。要利用低密度的能源，最好的方式是就地利用。

水电属于高密度的能源，因为时空分布的不均匀，如果没有比较效益是很难用行政手段强行要求"西电东送"，更多地需要靠市场机制来调节。可再生能源是我国能源发展的生力军，但部分地区弃风、弃光、弃水问题严重，其中弃风、弃光集中在"三北"地区，主要矛盾是开发布局问题。

2016 年前三季度，全国风电平均利用小时数 1 251 小时，同比下降 66 小时；风电弃风电量 394.7 亿 kW·h，平均弃风率 19%。

2016 年前三季度风电并网运行情况

省份	新增并网容量（万 kW）	累计并网容量（万 kW）	上网电量（亿 kW·h）	弃风电量（亿 kW·h）	弃风率	利用小时数（小时）
合 计	1 000	13 934	1 693.2	394.7	19%	1 251
北 京	4	19	2.5			1 321
天 津	0	28	4.5			1 587
河 北	35	1 057	146.6	16.8	11%	1 418
山 西	46	715	92.6	9.1	9%	1 332

（续表）

省份	新增并网容量（万 kW）	累计并网容量（万 kW）	上网电量（亿 kW·h）	弃风电量（亿 kW·h）	弃风率	利用小时数（小时）
山　东	93	814	104.3			1 356
内蒙古	39	2 464	332.6	95.8	23%	1 360
辽　宁	41	680	91.9	16	15%	1 381
吉　林	61	505	47.7	23.7	34%	951
黑龙江	27	530	61.7	13.6	18%	1 182
上　海	0	61	9.4			1 533
江　苏	104	516	66.2			1 449
浙　江	5	109	15.7			1 480
安　徽	33	169	24.7			1 566
福　建	37	209	31.5			1 602
江　西	25	92	12.5			1 455
河　南	8	99	12.9			1 354
湖　北	41	176	24.2			1 529
湖　南	38	194	27.3			1 536
重　庆	0	23	3.2			1 422
四　川	31	104	14.5			1 643
陕　西	0	169	19.2			1 411
甘　肃	25	1 277	108.4	89.3	46%	870
青　海	12	59	8			1 426
宁　夏	10	832	87.4	17.5	17%	1 064
新　疆	15	1 706	160.5	108.3	41%	946
西　藏	0	1	0.1			1 354

（续表）

省份	新增并网容量（万 kW）	累计并网容量（万 kW）	上网电量（亿 kW·h）	弃风电量（亿 kW·h）	弃风率	利用小时数（小时）
广 东	12	258	23.3			904
广 西	19	62	8.3			1 614
海 南	0	31	3.8			1 225
贵 州	14	337	38.4			1 232
云 南	226	638	109.3	4.6	4%	1 712

注：数据统计口径为中电联和电网公司调度口径。

由此可知，要满足未来持续增长的电力需求，从根本上解决煤电运力紧张的问题和新能源消纳的问题，实施电力的大规模、远距离、高效率输送，发展智能电网势在必行。中国智能电网的主要驱动力和利益在于：加大可再生能源的利用和应对节能减排压力。中国政府的选择是打造坚强可靠的智能电网——这就是中国智能电网——"电力大白"诞生的背景。

中国"电力大白"的发展目标是：从输配侧打开突破口，建设以特高压电网为骨干网架、各级电网协调发展的坚强电网为基础，发展以信息化、数字化、自动化、互动化为特征的自主创新、国际领先的坚强智能电网。

《电力发展"十三五"规划（2016—2020 年）》（以下简称《规划》）明确，将优化电网结构，提高系统安全水平。建设以分层分区、结构清晰、安全可控、经济高效为原则，充分论证全国同步电网格局，进一步调整完善区域电网主网架，提升各电压等级电网的协调性，探索大电网之间的柔性互联，加强区域内省间电网互济能力，提高电网运行效率，确保电力系统安全稳定运行和电力可靠供应；严格控制建设成本；全国新增 500 kV 及以上交流线路 9.2 万 km，变电容量 9.2 亿 kV·A；电网综合线损率控

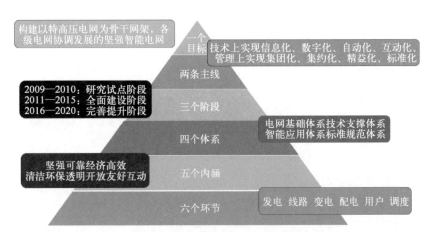

构建以特高压电网为骨干网架，各级电网协调发展的坚强智能电网

一个目标 — 技术上实现信息化、数字化、自动化、互动化、管理上实现集团化、集约化、精益化、标准化

两条主线

2009—2010：研究试点阶段
2011—2015：全面建设阶段
2016—2020：完善提升阶段

三个阶段

四个体系 — 电网基础体系技术支撑体系 智能应用体系标准规范体系

坚强可靠经济高效
清洁环保透明开放友好互动

五个内涵

六个环节 — 发电 线路 变电 配电 用户 调度

中国坚强智能电网发展战略框架

制在 6.5% 以内。

分区域看，《规划》指出，"十三五"期间，华北地区电网"西电东送"格局将基本不变，京津冀鲁接受外来电力超过 8 000 万 kW，初步形成"两横两纵"的 1 000 kV 交流特高压网架；西北地区电网要重点加大电力外送和可再生能源消纳能力，继续完善 750 kV 主网架，增加电力互济能力；华东地区电网将初步形成受端交流特高压网架，开工建设闽粤联网工程，长三角地区新增外来电力 3 800 万 kW；华中地区电网要实现电力外送到电力受入转变，湖南、湖北、江西新增接受外电达到 1 600 万 kW；东北地区电网要在 2020 年初步形成 1 700 万 kW 外送能力，力争实现电力供需基本平衡；南方地区电网要稳步推进"西电东送"，形成"八交十一直"输电通道，送电规模达到 4 850 万 kW，实现云南电网与主网异步联网，区域内形成 2～3 个同步电网。

同时，《规划》提出，要筹划外送通道，增强资源配置能力。"十三五"期间，新增"西电东送"输电能力 1.3 亿 kW，2020 年达到 2.7 亿 kW。《规划》还明确，将升级改造配电网，推进智能电网建设。

中国坚强智能电网建设的重点发展方向：

发电	输电	配电	用电
*优化的电厂选址 *鼓励可再生能源投资 *严格的排放管理 *有效的成本管理 *可靠的经济设备管理 *灵活的竞价策略	*优化的电网规划 *具有"自愈"特征的坚强电网 *安全、可靠、节能、经济的优化调度 *更高的设备利用水平 *更低的传输网损 *可靠经济的设备管理 *更可靠的电力传输	*科学经济的配网原则 *自适应的故障处理能力 *更迅速的故障反应 *更可靠的电力供给 *更出色的电能质量 *经济可靠的设备管理 *支持分布式能源和储能元件 *与用户的更多交互	*更具竞争力的市场营销策略 *针对用户需求定制服务 *允许用户向电网提供多余的电力 *根据用户的信用控制电力供给

智能电网的建设涉及发、输、配、用的各个方面

（1）提高电网输送能力。打造坚强可靠的电网，布局坚强的网架结构，提高电力供应的安全可靠性。因此，需要全面掌握特高压交直流输电技术，提高电网输送能力和控制灵活性。需要提高大电网的检修管理水平，确保电网的安全稳定运行水平。

（2）提高能源的利用效率。开展储能技术的研究，提高供给侧的能源利用率；开展电网优化技术，降低输变侧线路损耗；开展智能化管理技术的研究，提高需求侧的用电效率。

（3）促进可再生能源发展与利用。研究清洁能源的并网技术，提高清洁能源消纳水平；研究分布式能源技术，提高用电可靠性及渗透率。

（4）促进电源、电网、用户协调互动运行。研究协调运行控制技术，推进信息双向交互；研究智能电网的更多功能，提高供需两侧的互动水平及服务质量。

（5）促进电源、电网、用户之间的信息共享。研究用电信息采集技术及信息化技术，确保电网与用户间信息透明开放；研究多周期、多目标调度技术，研究电力市场交易相关技术，打造公正透明的交易运作平台，确保电力市场稳定。

智能电网建设的三阶段

第一阶段	第二阶段	第三阶段
2009—2010 年	2011—2015 年	2016—2020 年
规划试点阶段：重点开展坚强智能电网发展规划工作，制订技术和管理标准，开展关键技术研发和设备研制，开展各环节试点	全面建设阶段：加快特高压电网和城乡配电网建设，初步形成智能电网运行控制和互动服务体系，关键技术和装备实现重大突破和广泛应用	引领提升阶段：基本建成坚强智能电网，使电网的资源配置能力、安全水平、运行效率，以及电网与电源、用户之间的互动性显著提高

　　看完四个"电力大白"，您一定明白了"电力大白"家族还很年轻，要成为人类电力智慧互联的安全可靠的守护者、世界电力事业的命运共同体，它们成长面临巨大的挑战，也具有无限的发展空间。为全球能源互联网搭建重要框架，其成长之路将任重而道远，可谓"路漫漫其修远兮，吾将上下而求索"。

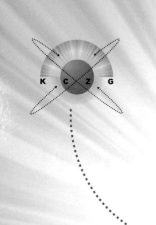

智能电网传承与发展
——永续传承与永不停息的进步

我国电网发展状态

随着国家综合能力的提升，我国电网也在快速成长。在国家"十二五"期间，电网 220 kV 及以上线路的长度由 2010 年的 44.6 万 km 增长为 2015 年的 60.9 km，年均增速为 6.4%；变电容量由 2010 年的 19.9 亿 kVA 增长为 2015 年的 33.7 亿 kVA，年均增速为 11.11%。

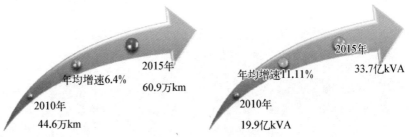

2015年
年均增速6.4%
60.9万km
2010年
44.6万km

2015年
年均增速11.11%
33.7亿kVA
2010年
19.9亿kVA

"十二五"期间 220 kV 及以上线路长度发展情况　　　"十二五"期间变电容量发展情况

"十二五"期间电网发展中取得的成绩

取 得 的 成 绩
• 各级电网网架不断完善
• 配电网供电能力、供电质量和装备水平显著提升，智能化建设取得突破
• 农村用电条件得到明显改善
• 全面解决了无电人口用电问题

突 破 性 进 展
• 电网技术装备和安全运行水平处于世界前列
• 国际领先的特高压输电技术开始应用，±1 100 kV 直流输电工程开工建设
• 大电网调度运行能力不断提升，供电安全可靠水平有效提高
• 新能源发电并网、电网灾害预防和治理等关键技术及成套装备取得突破，多端柔性直流输电示范工程建成投运

"十二五"期间电网发展中存在的问题

存 在 的 问 题
● 局部地区电网调峰能力严重不足，尤其北方冬季采暖期调峰困难，进一步加剧了非石化能源消纳矛盾
● 电力设备利用效率不高，火电利用小时数持续下降，输电系统利用率偏低，综合线损率有待进一步降低
● 区域电网结构有待优化，输电网稳定运行压力大，安全风险增加
● 城镇配电网供电可靠性有待提高，农村电网供电能力不足
● 电力市场在配置资源中发挥决定性作用的体制机制尚未建立，电力结构优化及转型升级的调控政策亟待进一步加强

传统电网发展及其技术存在的问题

传统电网是由发电、输电、变电、配电和用电等环节组成的电能生产与消费系统，是将自然界的一次能源（如煤炭）通过发电装置（包括锅炉、汽轮机、发电机及电厂辅助生产系统等）转化成电能，再经输、变电系统及配电系统将电能供应到各负荷中心，通过各种设备再转换成动力、热、光等不同形式的能量，为地区经济和人民生活服务。

由于电源点与负荷中心多数处于不同地区，且电能难以大量储存，故其生产、输送、分配和消费都需在同一时间内完成，即电能生产必须时刻保持与消费平衡，这对于缺乏同步实时数据监

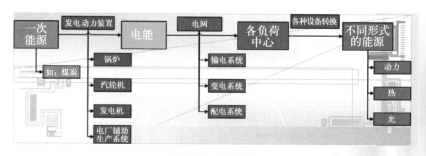

传统电网的流程

控、事故预警和自动调节装置的传统电网来说，困难重重。

传统电网提供的电力流向为单向流动，但随着人类社会的信息化快速发展，人们日益增多的生产、生活安全用电需求，以及对电力供应的开放性和互动性要求，该形式已经无法紧随人类发展的步伐，电网对于需求的响应能力越来越力不从心，出现了一系列的问题：用电效率低下、电力公司或用户无从得知具体用电情况的反馈信息、无法及时根据人们的高波动性电力需求提供合适的电能等。

传统电网的单向流动

传统电网在技术上集中表现为以下问题：

（1）传统电网是刚性系统，智能化程度不高。

（2）电源的接入与退出、电能的传输等缺乏良好的灵活性，电网的协调控制能力不强。

（3）垂直的多级控制机制反应迟缓，无法构建实时、可配置、可重组的系统。

（4）系统自愈、自恢复能力完全依赖于设备冗余配置。

（5）对用户的服务形式简单、信息单向。

（6）系统内部存在多个信息孤岛，缺乏信息共享。

智能电网的基本结构与发展要求

智能电网从电网的概念继续发展延伸，分成发电、输电、变电、配电、调度及用电六大领域与环节，实现将发电到用电全过程智能化。包括可以优先使用清洁能源的智能调度系统、可以动态定价的智能计量系统以及通过调整发电、用电设备功率优化负荷平衡的智能技术系统。

1. 发电领域

我国的智能电网建设中对于发电领域发展目标是：引导电源集约化发展，协调推进大煤电、大水电、大核电和大可再生能源基地的开发；强化机网协调，提高电力系统安全运行水平；实施节能发电调度，提高常规电源的利用效率；优化电源结构和电网结构，促进大规模风电、光伏等新能源的科学合理利用，加快储能技术的产业化进程。

2. 输电领域

线路环节的技术路线是全面掌握特高压交直流输电技术，形成特高压建设标准体系，加快特高压和各级电网建设；开展分析评估诊断与决策技术研究，实现输电线路状态评估的智能化；建立输电线路建设与运行的一体化信息平台，加快线路状态检修、全寿命周期管理和智能防灾技术研究应用；加强灵活的交流输电技术研究。实现对线路影响较大的自然灾害信息的监测、分析、预报，提高线路综合防灾和安全变电保障能力。

3. 变电领域与配电领域

变电领域的重点是制定智能变电站及装备标准规范；同时需建设智能电网全景信息采集系统，开展基础信息统一建模技术研究，构建区域、广域综合测控保护体系，研究各类电源及用户的接入、退出、保护及隔离技术。而配电领域主要包括配电网安全经济运行与控制、电能质量控制、智能配电设备研究、大规模储能、电动汽车变电站等。

4. 调度领域

调度环节以服务特高压大电网安全运行为目标，开发建设新一代智能调度技术支持系统，实现运行信息全景化、数据传输网络化、安全评估动态化、调度决策精细化、运行控制自动化、机电协调最优化，形成一体化的智能调度体系，确保电网运行的安全可靠、灵活协调、优质高效和经济环保。

5. 用电领域

主要包括高级量测技术、需求响应技术、能效管理技术、双向互动营销技术、用户储能技术、用户仿真技术等。

因此，智能电网的基本结构的理解中，电能不仅从集中式发电厂流向输电网、配电网直至用户，同时电网中还遍布各种形式的新能源和清洁能源：太阳能、风能、燃料电池、电动汽车等；此外，高速、双向的通信系统实现了控制中心与电网设备之间的信息交互，高级的分析工具和决策体系保证了智能电网的安全、稳定和优化运行。

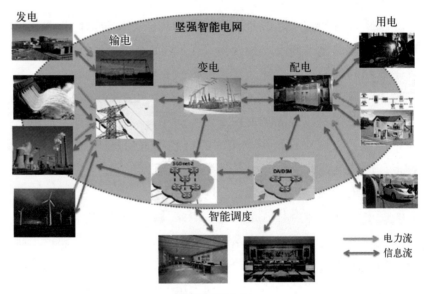

坚强智能电网

智能电网与传统电网的区别

智能电网这个"电力大白"与传统电网最大的差异就是——"智慧""自愈"，其表现如下：

智能电网将提供能源流与信息流的双向流动。

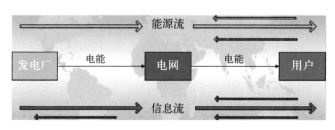

智能电网的双向流动

接受各种形式能源发电入网

可以接受风能、太阳能等各种形式的可再生能源的发电入网。

自愈能力更强

电网的自愈功能是指其在无需或仅需少量的人为干预的情况下，利用先进的监控手段对电网的运行状态进行连续的在线自我

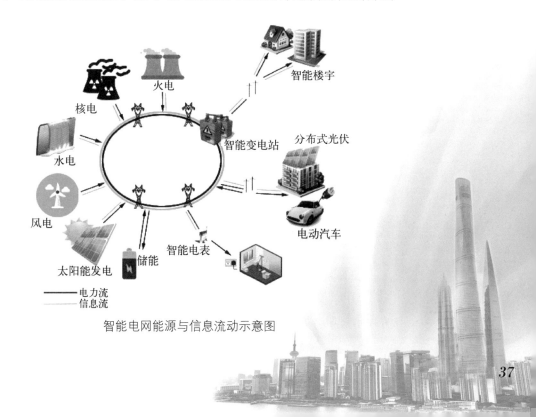

智能电网能源与信息流动示意图

评估并采取预防性的控制手段及时发现、快速诊断、快速调整或消除故障隐患，在故障发生时能够快速隔离故障、自我恢复，不影响用户的正常供电或将影响降至最小。可以通过对电网中变压器等器件中的传感器搜集到的数据进行分析，判断出有问题的数据，以查找电网中有问题的元件，从而将其从系统中隔离出来，在很少或不用人为干预的情况下使系统迅速恢复到正常运行状态，达到几乎不中断对用户的供电服务的目的。

抵御能力更强

这里的抵御能力主要是指抵御外部破坏的能力，外部破坏包括自然力、人为、恐怖袭击、战争等因素。主要提高以下的防御能力：

（1）抵御物理破坏的能力，当系统失去多台发电机、多台变压器或多条主要线路后，仍能维持稳定运行并向关键负荷稳定地输送电力。

（2）维护信息安全的能力，当系统的控制中心、微机保护、数据库、信息和通信系统等设备受到信息站层面的攻击时，仍能保持正常工作。

友好

因为智慧化和智能化，与人类更加互动友好，与环境更和谐共处。

（1）互动友好。电网、发电商、需求侧将会形成互动的关系；需求侧和发电商将可以互相选择，而"电力大白"将为其提供完成交易的信息处理平台和物理载体。

（2）环境友好。环保因素在电力调度和消费中的影响将会上升。可再生能源将是未来能源消费的主力军，同时将促进提高能源的利用效率，避免由于化石能源的大量消耗造成的严重环境污染。

资产优化

由于智能电网的存在，电网系统将引入最先进的信息和监控技术优化设备和资源的使用效益，以提高单个资产的利用效率，从整体上实现网络运行和扩容的优化，降低运行成本和投资。

因此，智能电网和传统电网的"性格差异"主要表现在通信技术、量测技术、设备技术、控制技术、决策支持技术等方面，如下表所示。

传统电网与智能电网的区别

项　目	传　统　电　网	智　能　电　网
通信技术	电网与用户之间没有通信或者只有电网向用户传达的控制信息。两者之间没有交互信息	电网与用户之间采用双向通信，两者之间进行实施的交互信息
测量技术	采用电磁表计及其读取系统；数据采集一般每 15 分钟 1 次	采用可以双向通信的智能固态表计；数据采集、上传时间更短，可达每秒一次
设备技术	设备运行管理采用人工校核；设备出现故障后，供电恢复时需要人工干预	设备运行管理采用远程监控和状态监测技术；设备出现故障后，自适应保护和孤岛化；供电恢复自愈化
控制技术	主从或控制模式，人工控制，控制手段、策略单一，基本无自愈性	分层控制与自主控制结合，有预设的专家系统，能够快速分析、诊断和预测电网状态并采取措施。自愈性、可靠性强
决策支持	技术运行人员依据经验分析、处理电网紧急问题	通过智能分析和数据展示技术，帮助运行人员分析和处理紧急问题

小贴士

我国智能电网建设的重点

清洁能源并网接入工程建设

- 加快新能源发电及其并网运行控制技术研究。
- 开展风光储输联合示范工程，推动大容量储能技术研究。

跨区智能电网建设

- 重点加强资源优化配置相关的关键工程建设，加快输变电工程建设和相关关键技术的研发，形成结构坚强的送端电网和受端电网。

智能配电网建设

- 逐步完成直辖市、省会城市、地级市和城乡坚强配电网架的优化和建设，实现支撑智能配电发展要求的合理网架结构。
- 在经济发达的地区完成高级配电自动化试点建设，实现分布式发电、储能和微网系统的接入、消纳与协调控制。

智能调度建设

- 实现风电等新能源功率预测和调节技术的广泛应用。
- 实现基于预测的电网运行风险在线预防控制。
- 开发应用基于广域相量测量的运行控制技术。

智能用电设施建议

- 推广智能电表应用，全面建设用电信息采集系统，实现对所有电力用户和关口的全面覆盖。
- 实现智能用电在省会等重点城市的推广普及，形成较为成熟的商业推广模式。

电动汽车充电设施

- 形成适应不同类型电动汽车技术要求的充电站类型、充电设施布局规划和技术方案，并在全国重要城市和一级以上公路建成电动汽车充电网络。
- 研究电动汽车车载电池作为储能能源的应用模式，引导电动汽车参与未来电网削峰填谷，为我国能源战略的规划实施提供支持。

（续表）

通信信息工程
● 形成完善的通信信息标准体系，开展信息化基础设施、信息安全运维、信息高级应用等方面关键设备的研发并推广应用，实现生产与控制、电网经营管理、营销与市场交易等领域业务与信息化的融合。

电力光纤到户与电力线通信
● 促进电力光纤到户和电力线通信建设，形成具有竞争优势的用电侧通信发展模式。 ● 在经济发达区域初步建成用户与智能电网之间实时、互动、开放、灵活的通信网络，电网设施增值业务全面展开，形成规范有序的政策体系和体制机制。

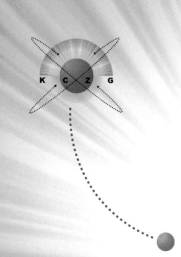

智慧互联电力
——智能电网的核心要素与关键技术

"高效节俭" 的分布式能源

《超能陆战队》里的大白是个医生，守护您的健康与安全。同时它是个充气充电型机器人，当其身体变软、胸前警示灯亮起时，就需要及时回家充电，才能维持活力饱满的状态。相比之下，我们的"电力大白"由于智慧化，除了电网的主干网提供电能之外，还可以灵活、自由、高效地获取分布式能源，例如：在阳光普照的旷野中，利用太阳能充电；在狂风呼啸的山坡上，利用风能充电；在杂乱无章的垃圾场，利用垃圾燃烧产生电能来充电；在荒野丛生的野外，利用甲烷发电来供能……

什么是分布式能源

生活中，行走在人行道，你可注意到路灯上方的太阳能电池板？使用热腾腾的生活用水时，你关注过太阳能热水器吗？农民利用各种农作物秸秆、微生物产生甲烷的沼气利用技术，这到底是怎样的一种原理？以上太阳能发电、太阳能热水器、沼气利用等都属于分布式能源利用的范畴。

分布式能源是利用分布在用户端的小型设备向用户供暖、发电和制冷等新型能源利用方式，具有空间上分散、容量小一般在用户端就近利用等特点。分布式能源最显著的特点是直接安装在用户端，通过在现场对能源实现梯级利用，尽量减少中间输送环节的损耗，实现对资源最大化利用。

与分布式能源不同，目前广泛采用的是集中式能源，即集中能源利用并统一发电供能的模式。

集中式与分布式的核心对比

	分布式能源	集中式能源
节能	能量的梯级利用，利用的最低对口温度：50℃左右	能量损失大，能源综合利用率不高，最低对口温度：100～120℃
减排	天然气、太阳能、风能等可再生能源的利用率高，污染物排放量低	以煤炭的消耗为主，大量消耗一次性性能源，污染物排放量较高
安全	分散式、小规模、小局域供电，灵活多变，安全性高	大规模、区域整体化供电，稳定但停运影响范围大

分布式能源的主要形式

分布式能源主要形式如图所示，其中典型的形式为燃气冷热电三联产技术和分布式可再生能源系统。

分布式能源的主要形式
燃气冷热电三联产技术
分布式可再生能源系统
分布式煤气化能源系统
分布式生物质能源系统
分布式垃圾燃料能源系统

1. 燃气冷热电三联产技术

燃气冷热电三联供是分布式能源的典型形式。天然气是一种清洁原料，它的烟气中不含 SO_2，水蒸气 90% 以上的热量都被利用。由于在燃气轮机中 30%～40% 的能量直接转化为电能，一次转化效率也高于一般火电机组，再加上乏汽排气和缸套能量利用，比如加热、制冷，用于各种不同能级的用户，整个系统达到能量的梯级利用，使总能量利用效率达到最高，大约 80%。所以，利用天然气作为一次能源的最高效率就是冷热电三联产的形式。

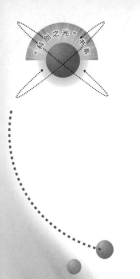

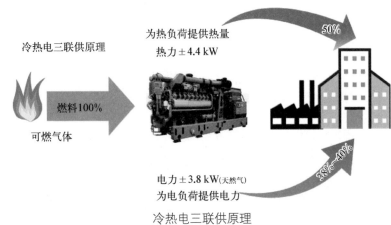

冷热电三联供原理

为热负荷提供热量
热力±4.4 kW

50%

燃料100%

可燃气体

38%~40%

电力±3.8 kW(天然气)
为电负荷提供电力

冷热电三联供原理

2. 分布式可再生能源系统

与传统能源不同的是，利用可再生能源：① 能提供清洁无污染的电力供应；② 在发电过程中不会耗尽自然资源；③ 其容量配置非常灵活，可以安装在单个家庭，也可以集中供电。分布式可再生能源系统种类很多，主要介绍常见的几类：

（1）太阳能发电

太阳能的利用形式之一，是指将太阳辐射出的光和热被能

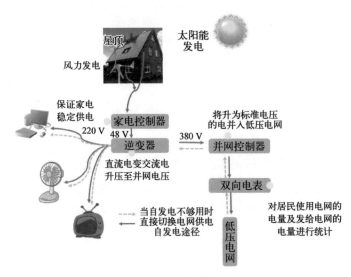

屋顶

太阳能
发电

风力发电

保证家电
稳定供电

家电控制器

220 V

48 V

逆变器

直流电变交流电
升压至并网电压

380 V

将升为标准电压
的电并入低压电网

并网控制器

双向电表

当自发电不够用时
直接切换电网供电
自发电途径

低压电网

对居民使用电网的
电量及发给电网的
电量进行统计

屋顶太阳能发电

源化利用的一系列技术。主要包括太阳能光伏发电和太阳光热发电。

① 太阳能光伏发电

太阳能光伏发电是将太阳能光伏板在阳光下产生直流电，所谓"光生伏打现象"。其主要的发电装置是太阳能光伏板，主要是以半导体物料（例如硅）制成的薄型固体太阳能电池组合。

太阳能光伏板
（图片来源：网络）

系统简单的光伏电池可为手表及计算机提供能源，较大的光伏发电系统可为房屋照明，并为电网供电。太阳能光伏板可以制成不同形状，也可进行并联、串联，以产生更多电力。另外，天台及建筑物表面开始使用光伏组件，作为窗户、天窗或遮蔽装置的一部分，这类光伏发电设施通常被称为附设于建筑物的光伏系统（或者称为光伏建筑一体化）。

小贴士

世界现状

① 截至 2016 年 12 月，美国太阳星 I 和 II 是居世界第二位的太阳能电站，位于加利福尼亚州罗莎蒙德，装机容量 579 MW，采用了 170 万块太阳能光伏板，铺散在面积为 13 km² 的土地上。

② 截至 2016 年 12 月，欧洲最大的塞斯塔光伏电站位于法国塞斯塔村，装机容量 300 MW，占地 250 公顷，年发电量 380 GW·h。

中国现状

① 截至 2016 年 12 月，中民投宁夏（盐池）新能源综合示

范区电站计划建设 2 GW（1 GW=1 000 MW，1 MW=1 000 kW）光伏发电项目，占地累计约 4 000 公顷，是全球最大的单体光伏电站项目。项目建成后，年平均上网电量 289 419 万 kW·h，每年可节约标准煤 101 万吨。

② 截至 2016 年 12 月，全球建设规模最大的水光互补并网光伏电站——龙羊峡水光互补并网光伏电站位于青海省海南州共和县，共划分 9 个光伏发电生产区，总装机容量为 850 MW，电站每年将 824 GW·h 绿色能源输送到西北电网。

② 太阳能光热发电

光热发电即为太阳能热发电或聚光太阳能热发电，其原理是反射聚焦太阳光，将太阳光热能转换为机械能，机械能再转换为电能。

以国内普遍应用的槽式光热发电设备为例，其工艺流程如下：光热设备将反射镜反射的太阳光，聚焦在一条叫接收器的玻璃管上，而

光热转换
（图片来源：网络）

该中空的玻璃管有导热油流过，从反射镜中反射的太阳光会令管子内的油升温，产生蒸汽，再由蒸汽推动涡轮机发电。

小贴士

世 界 现 状

① 截至 2015 年 12 月，西班牙在运光热电站总装机容量为 2 300 MW，占全球总装机容量近一半，位居世界第一；美国第二，总装机量为 1 777 MW；两者合计光热装机超过 4 GW，约占全球光热装机的 88%。

② 美国油式太阳能集热阵列为最先达到经济规模的太阳能电厂，由于其不使用高价太阳能光伏而纯粹采用镜面集热极，故量产后成本更低。

中 国 现 状

截至 2015 年 12 月，已建成光热装机约 14 MW，其中最大的为青海中控德令哈 50 MW 太阳能热发电一期 10 MW 光热发电项目，其他项目多不足 1 MW。

（2）风能发电

风能发电是把风能转换为电能的发电形式。利用风力机把风的动能转化为有用的电力，即透过传动轴，将转子（由以空气动力推动的扇叶组成）的旋转动力传送至发电机。

小贴士

世 界 现 状

全球风电技术愈加成熟，新型技术不断出现，专项技术有所突破，适应范围愈加广泛，运行水平逐步提升。总体来看，世界各国的风电技术发展呈现单机容量不断增大、容量系数与风速区间不断提高、适应温度更加广泛、风功率预测精度稳步提升、可用率不断提高等特点。

中 国 现 状

中国高海拔区域风电技术逐渐突破，单机容量增加更为迅速，直驱式技术得到推广，变桨变速功率调节技术得到广泛应用，全功率变流技术得到应用。目前海上风电正得到重视，处于快速发展阶段。

以太阳能和风能为代表的可再生能源具有随机性和间歇性的

特点，给其应用带来了很多挑战，如高度分散性、生产水平的不确定及高可变性、预测的不稳定性等。因此，直接并网发电会引发电压、频率、功率振荡，对电网的供电质量、潮流分布等多个方面造成影响。

分布式能源系统为太阳能、地热、风能等系统规模小、能量密度低的可再生能源利用提供了手段。例如，太阳能采用分布式发电系统，即在用户现场或靠近用电现场配置较小的光伏发电供电系统。分布式能源系统具有投资成本低、安装便捷等特点，但配套设备要求较高。因此，可再生能源与常规能源互补的分布式系统将更现实、可行，这也将进一步促进可再生能源利用技术的发展。

3. 分布式煤气化能源系统

煤气化分布式能源系统联合循环发电是以煤气化得到的煤气作为燃料，来代替常规系统中的气体和液体燃料，以达到提高热效率的目的。

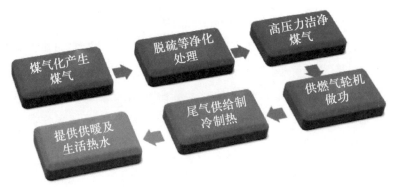

分布式煤气化能源系统

4. 分布式生物质能源系统

生物质是指通过光合作用而形成的各种有机体，包括所有的动植物和微生物。生物质能则是太阳能以化学能形式储存在生物质中的能量形式，是洁净的可再生能源，也是唯一能转化为液体燃料的可再生能源，生物质以总产量巨大、可储存、碳循环等优

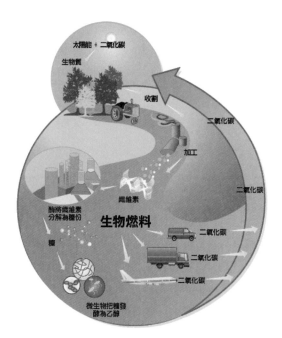

（图片来源：网络）

点引起全球的广泛关注。生物质气化或裂解产生的燃料气和高品位液体燃料可以作为以小型或微型燃气轮机为核心的分布式能源系统的理想的燃料。因此，分布式生物质能源系统可以生产液体燃料（可同时或以后生产氢），也可以将发电与生产燃料结合起来，建立起综合的多能源输出系统。

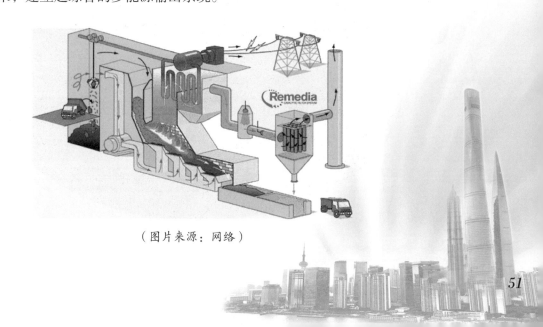

（图片来源：网络）

从生态角度看，垃圾是一种污染源，而从资源角度看，垃圾是地球上唯一正在增长的资源。生物质能源利用的另一种形式就是通过技术处理，变垃圾直接焚烧为加工利用，从而达到简化焚烧系统、提高燃烧效率和控制污染的多重目的。因此，垃圾发电将是形成分布式能源系统和电力生产"一次能源"多样性的重要内容。

小贴士

能源专家测算，2 t城市垃圾焚烧所产生的热量相当于1 t煤燃烧的能量。若我国能将垃圾分类处理并有效地用于发电，每年将节省煤炭5 000万～6 000万t。

天然气资源分布：据新一轮油气资源评价结果，中国常规天然气资源量约为56万亿㎥，主要分布在塔里木、四川、鄂尔多斯、柴达木、松辽、东海、琼东南、莺歌海和渤海湾等。

水能资源分布：中国水能资源主要分布在西南地区（四川、重庆、云南、贵州、西藏），占中国的70%左右。

（图片来源：网络）

（图片来源：网络）

（图片来源：网络）

　　风能资源分布：中国陆上风能资源主要集中在内蒙古的蒙东和蒙西、新疆哈密、甘肃酒泉、河北坝上、吉林西部和江苏近海7个千万千瓦级风电基地。

　　生物质能资源分布：中国生物质能资源主要有农作物秸秆、畜禽粪便、工业有机废水、城市生活污水和垃圾等。农林业废弃

物、能源作物等主要分布在西部、北部和西南地区，农作物秸秆、畜禽粪便、生活和工业垃圾主要分布在东部地区。

分布式能源的主要特点

分布式能源是未来世界能源技术的重要发展方向，也是智能电网供能端的重要组成部分。

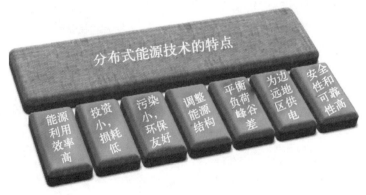

分布式能源技术的特点

1. 能源利用效率高

分布式能源改变了集中式发电和大规模传输的传统模式，减少了输送损失，并且分布式能源可用发电后工质的余热来制热制冷，因此能源得以合理的梯级利用，用户可根据自己所需来向电网输电和购电，能源的利用效率可达到80%左右。

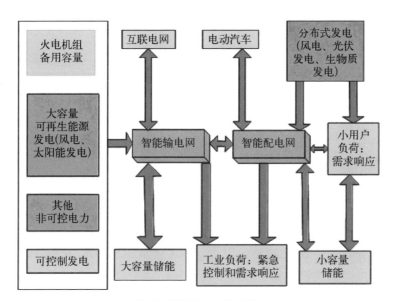

分布式能源与智能电网

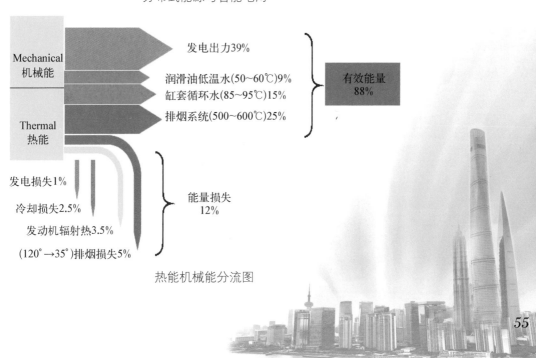

热能机械能分流图

2. 投资小，损耗低

由于分布式能源投资回报的周期较短，因此投资回报率高，可降低一次性投资和成本费用；另外，靠近用户侧的安装可就近供电，因此可降低输电和配电网的能耗损失。

3. 污染小，环保友好

采用天然气做燃料或以氢气、太阳能、风能等清洁能源作为动力驱动的分布式能源系统，将减少有害物的排放总量，减轻环保的压力；而大量的就近供电减少了大容量远距离高电压输电线的建设，减少了高压输电线的电磁污染；另外，由于实现

了优质能源梯级合理利用，SO_2 和固体废弃物排放几乎为零，温室气体 CO_2 排放减少 50% 以上，NO_x 排放减少 80% 左右。

4. 调整能源结构

目前在我国发电量中，以煤为燃料的火力发电所占的比例约为 73%；在发电装机容量中，以煤为燃料的火力发电所占的比例约为 66%。由此可知，我国的电力消费结构仍以燃煤为主。

对于分布式能源系统，其燃料的特点是以气体燃料为主，可再生能源为辅，充分利用各种新能源资源，包括天然气、煤层

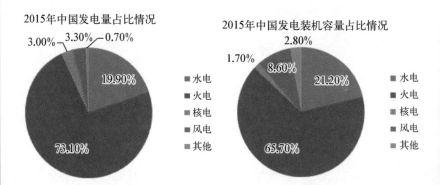

气、沼气、生物质、太阳能等。因此分布式能源系统为电力能源结构调整提供了可能性，为可再生能源利用的发展创造了条件。

5. 安全性和可靠性高

分布式能源系统发电方式灵活，在公用电网故障时，可自动与公用电网断开，独立向用户供电，提高了用户自身的用电可靠性；当所在地的用户出现故障时，可主动与公用电网断开，减小了对其他用户的影响。

6. 平衡能源负荷峰谷差

因为规模小，相比大型的传统火电厂，分布式能源系统启停更加灵活。另外，分布式能源在冬季通过对用户供暖减轻使用电取暖带来的高需求电力负荷；在夏季可以对用户供冷减轻使用空调制冷带来的高需求电力负荷。

7. 解决边远地区的供电问题

由于中国许多边远及农村地区远离大电网，因此难以从大电网向其供电，采用太阳能光伏发电、小型风力发电和生物质能发电等独立发电系统，可以解决我国边远地区或未连接电网的农村地区的用电问题。

小结

未来，分布式供能技术将向多源化、网络化、智能化方向发展：

（1）设备层面，分布式能源动力与能源转换设备将进一步小型化、微型化，且其性能将稳步提升；

（2）系统层面，有机整合可再生能源和传统化石能源的分布式能源系统将不断发展；

（3）管理层面，集负荷实时预测、性能在线诊断、智能优化控制于一体的智能管理系统将得到大力发展；

（4）应用层面，为"智能电网"供能侧提供多样化选择，提高用电安全性的同时，推动了智能电网的发展。

总之，以能源梯级利用为特征的分布式能源改变了集中式发电和大规模传输的传统模式，提高了用户端用电安全稳定性的同时，也实现了节能、减排的有机统一。

看不见的城市建筑虚拟电厂

什么是城市建筑虚拟电厂

虚拟电厂控制中心

建筑是城市的重要组成元素，随着城市建设进程的加快，建筑也越来越多，随之带来建筑能耗总量的逐年上升，在能源总消费量中所占比例的不断上升。

当下人类的生活用电和工业用电都是来自电网，而电网的电能大都来自远方的发电厂。人们生活的小区、校园和办公楼的耗电量远少于工业工厂，其耗电量可以直接由建筑楼顶的太阳能或风能等分布式能源来提供。"电力大白"——智能电网可以帮助构建一个专为小区、校园和办公楼提供电力的、独立的、隐形的小型电厂。

这种整合了各种分布式能源（如分布式电源、可控负荷和储能装置等），可以为用户提供电力但却看不见的电厂即为虚拟电厂。

建筑虚拟电厂一方面可以利用建筑的条件，结合新能源技术产生电能；另一方面可以作为一种需求侧响应方式，在用电需求侧安装提高用电能效的装置、减少终端用电需求达到与发电相同的效果，促进建筑能耗的降低。

国内外不同学者分别对虚拟电厂提出若干种不同的定义方式，尚未产生一个权威或官方的定义，其中典型的有以下几种：

（1）虚拟发电厂是将一些小型分布式发电单元聚集起来形成的一个相当于单个整体电厂的机构，其在电网中运行的特性参数是通过将各分布式发电单元的特性参数整合得到的，且电网对各分布式发电单元的影响之叠加可以等效为电网对该机构的影响。

（2）虚拟发电厂是将一定区域内的传统发电厂、分布式电源、可控负荷和储能系统有机结合，通过一个控制中心的管理，合并为一个整体参与电网运行。

（3）虚拟发厂作为一种需求侧响应方式，通过在用电需求侧安装一些提高用电能效的装置、减少终端用电需求以达到与建设实际发电厂相同的效果，或利用用户用电弹性缓解高峰时段电力供应紧张状况，也称为"能效电厂"。

为什么要建设城市建筑虚拟电厂

风力发电过程中，风速大时叶片转得快，风速小时叶片转得慢，有时甚至难以启动，故风力发电受限制于风速大小，其随机性和波动性较明显。太阳能光伏发电同样具有明显的随机性和波动性，在发电过程中，一片云朵飘过来，光伏电板的发电能力就可能从波峰跌到波谷，对电力输送系统稳定性造成较大冲击。

间歇性新能源的随机性、间歇性和波动性较大，在接入传统大电网体系时，电网的安全性和供电可靠性将会受到威胁。为了实现分布式电源的协调控制与能量管理，可以通过虚拟电厂

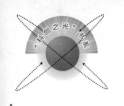

（virtualpowerplant，VPP）的形式，实现对大量分布式电源的灵活控制，从而保证电网的安全稳定运行。虚拟电厂通过将分布式电源、可控负荷和储能系统聚合成一个整体，使其能够参与电力市场和辅助服务市场运营，实现实时电能交易、优化资源利用、提高供电可靠性。

虚拟电厂的主要系统构成、分类及运行

虚拟电厂主要由发电系统、储能设备、通信系统构成。

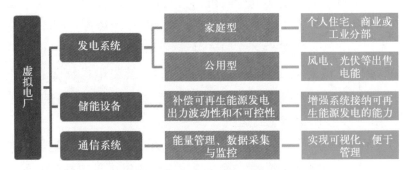

虚拟电厂的主要系统构成

根据信息流传输控制结构的不同，虚拟电厂的控制方式可以分为：集中控制方式、分散控制方式和完全分散控制方式。

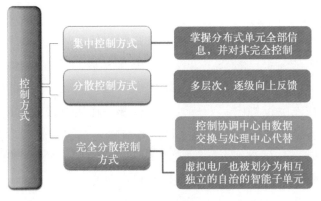

虚拟电厂的分类

虚拟电厂一般在短期内的成本最低时将各个机组调用投入工作。因此，它需要一个最优化程序来解决调配问题。同时，配电网运营商对配电网的安全负有责任。虚拟电厂需要和配电网运营商协商以其最优化策略维持配电网的安全。

虚拟电厂控制中心的主要功能

网络通信及管理

- 建立控制中心与区域内各对象之间的双向信息连接，从物理层、数据链路层等各个层面保证数据通信的快捷与畅通

发电管理

- 监视区域内各发电单元的运行及出力状况，并在线实施区域内发电单元的优化调度

新能源发电功率预测

- 综合短期及中长期气象数据及预报信息，对区域内的风电机组、太阳能发电机组等的输出功率做出较准确的预测

用电负荷预测及管理

- 对区域内的用电负荷进行较准确的预测，对工农业生产、社会生活、天气变化等因素对负荷需求的影响规律进行分析，并具有在一定条件下中断部分负荷供应以适应本区域和整个电网调度运行需要的能力

数据管理及分析

- 采集并分析处理区域中各对象的运行数据，如发电机组的出力和运行效率、用电负荷随时间变化的规律等，并能对这些数据提供有效的检索和调用手段

电力市场中的经营

- 建立区域内的发电费用、用电收益及安全约束模型，进行优化计算，收集市场情报、制订发电计划、签订中远期市场交易合同等

虚拟电厂的主要 IT 子系统

为了达到技术、经济和生态的综合效益，虚拟电厂需要包括以下 IT 子系统：

（1）电力管理系统：监视、计划和优化分散电力机组的操作。

（2）负荷预测系统：计算极短时间（1 小时内）和短时间（0～7 天）的负荷预测。

（3）可再生能源机组的发电预测系统：能够根据天气预报来预测风力发电和光电发电。

（4）电力数据管理系统：收集和保存优化和预测中所需的数据，如发电量和负荷的情况以及用户需求的合约数据。

（5）强大的前端平台：用于有分散电力机组的电力管理系统内的通信。

虚拟电厂的开发示意图

虚拟电厂与微电网的关系

微电网是相对传统大电网的一个概念，它是一个由分布式电源、储能装置、能量转换装置、相关负荷和监控、保护装置汇集而成的小型发配电系统，是一个能够实现自我控制、保护和管理的自治系统，既可以与外部电网并网运行，也可以孤立运行。

虚拟电厂与微电网的关系

类别	相似点	关注点	目的	交易方式
虚拟电厂	分布式电源、可控负载以及能量储备的集合	各种不同的电源,更加关注经济的效益	解决用户特定能源需求,缓解用电高峰压力,交易电能或者提供系统支持服务	直接在批发市场中交易它们的分布式电源
微电网		更加关注技术和整个网络运行的平衡	减少对输电和高压配电设备的需求	与大电网政策性地交换电能

虚拟电厂的研究现状

1. 国外示范项目

基于虚拟电厂的理论研究,国外相继开展了一系列虚拟电厂工程示范项目。2005—2009 年,在欧盟第 6 框架计划下,由来自欧盟 8 个国家的 20 个研究机构和组织合作实施和开展了 FENIX 项目,旨在将大量的分布式电源聚合成虚拟电厂并使未来欧盟的供电系统具有更高的稳定性、安全性和可持续性。

EDISON 是由丹麦、德国等国家的 7 个公司和组织开展的虚拟电厂试点项目,主要研究如何聚合电动汽车成为虚拟电厂,实现接入大量随机充电或放电单元时电网的可靠运行。

2012—2015 年,在欧盟第 7 框架计划下,由比利时、德国、法国、丹麦、英国等国家联合开展了 TWENTIES 研究项目,其中对于虚拟电厂的示范研究重点在于如何实现热电联产、分布式电源和负荷的智能管理。

WEB2ENERGY 项目同样是在欧盟第 7 框架计划下开展的,以虚拟电厂的形式聚合管理需求侧资源和分布式能源。德国库克斯港的 Etelligence 项目建立了能源互联网示范地区,其核心是建立一个基于互联网的区域性能源市场。而虚拟电厂技术是实现区域能源互联聚合的一种重要模式。

2. 国内示范项目

随着国内能源互联网行动计划的推进，上海首个能源互联网试点项目在 2015 年初投产。该项目实现了区域内屋顶光伏分阶段全覆盖和充电桩分阶段全覆盖，并借助"互联网+"建成功能强大的虚拟电厂，完成清洁替代，实现区域冷热电三联供。

目前能源互联网行动计划中的另一个重点项目聚焦在张家口的奥运项目，其目标是在张家口市建立可再生能源示范区，实现风电、光伏等新能源高比例消纳，采用虚拟电厂技术将解决可再生能源规模化的开发利用问题。

小结

随着清洁能源和新兴技术的发展，虚拟电厂将成为智能电网和全球能源互联网建设中重要的能源聚合形式，具有广阔的发展空间。具体表现为：

（1）虚拟电厂的社会和经济效益符合能源互联网中高比例消纳新能源、改革能源生产方式、构建未来可持续能源供应体系、适应政府节能减排管制规定、推动能源消费革命、激活售电市场、实现开放服务的整体目标和基本要求。

（2）虚拟电厂可以实现可再生能源安全高效的利用。我国新能源资源蕴藏量巨大，虚拟电厂可为消纳新能源提供绝佳的技术手段，减少传统能源的燃烧，实现能源的清洁利用。

（3）虚拟电厂的建设可提高传统能源的利用效率、降低电网运行成本。虚拟电厂在运行过程中，要求电力企业实现"以用户为中心"，开放能源生产消费的每一个环节，让消费者能够消费全网电能，同时有权自主选择所消费的电力来源，因此虚拟电厂在提高能源电力系统效率的同时，在一定程度上也降低了电力生产和销售成本。

会掐算的高效输变配电的实现

中国正处于经济建设高速发展时期，电力系统基础设施建设面临巨大压力。同时，地区能源分布和经济发展情况极不平衡：负荷中心在中东部地区，而能源中心则在西部和北部地区。总体来看，中国一次能源分布及区域经济发展的不均衡性和人均资源匮乏短缺，决定了能源资源大规模跨区域调配和全国范围优化配置的必然性。

要实现能源基地的大规模电力外送，人们对"电力大白"的要求也会越来越高。"电力大白"将不仅要具备坚强的输电能力，有效解决电力的大规模、远距离、低损耗传输问题，促进大型水电、煤电、核电、可再生能源基地的集约化开发，还需要高度智能化地完成输电、变电、配电设备等环节的协同配合工作。最重要的是要能及时应对线路故障、自然灾害等因素对电网造成的影响，保证电网的安全可靠运行。

应对人们对电网的各种高需求，"电力大白"具有的强大预测能力和自愈能力，能够在故障出现之前提前预测，并快速自愈的优势将会得到充分体现。那么"电力大白"是如何做到这些的呢？

"电力大白"拥有智慧的大脑（智能调度系统等）和坚强的主动脉（特高压电网等），采用灵活的交直流输电技术输送电能，从而可以提高线路输送能力和电压、潮流控制的灵活性。同时，"电力大白"拥有先进的巡线技术，进行输电线状态监测、脆弱性评估及灾害预警等，以实现输电线路巡视自动化、智能化、集约化。另外，"电力大白"还可以做到输电线路状态检修和全寿命周期管理。

智能电网调度

智能调度是电力大白"大脑"的重要部分，像人类的神经中

枢一样，其运行和控制自动化程度很高，是保障电力大白正常运行的基础之一；同时，智能调度能够有效地提高调度进行决策分析的能力，保证电网运行的可靠性。

智能调度需要完成的任务很多：

（1）从汇集的海量动态量测数据中抽取最关键的信息，进行分析、决策。

（2）从电网计划、调度和实时运行的不同时间阶段，对电网静态、暂态和动态安全性进行分析和实时预警。

（3）优化电网经济运行，提高电网安全可靠性，针对电网中存在的安全稳定问题给出解决方案，从而为调度运行分析在电网调度计划安排、监视和评估电网动态运行状态、分析和处理各种电网事故等方面提供技术支持。

（4）协调电力交易的经济性与安全性，预防电网安全事故。

（5）提供电网发生多重故障和连锁故障时的闭环紧急控制方案，提高电网供电可靠性。

调度智能化的目标是建立一个基于广域同步信息的网络保护和紧急控制一体化的新理论与新技术，协调电力系统元件保护和控制、区域稳定控制系统、紧急控制系统、解列控制系统和恢复控制系统等具有多道安全防线的综合防御体系。

智能化调度是对现有调度控制中心功能的重大扩展，其核心是在线实时决策指挥，目标是灾变防治，实现大面积连锁故障的预防。

智能化调度主要的关键技术

（1）系统快速仿真与模拟（fast simulation andmodeling，FSM）
（2）智能预警技术
（3）优化调度技术
（4）预防控制技术，事故处理和事故恢复技术（如电网故障智能化辨识及其恢复）
（5）智能数据挖掘技术
（6）调度决策可视化技术

智能化调度还包括应急指挥系统以及高级的配电自动化等相关技术，其中高级的配电自动化包含系统的监视与控制、配电系统管理功能和与用户的交互（如负荷管理、量测和实时定价）。

智能输电

智能输电是电力大白体内的主动脉，输电线路是电力输送的物理通道，同时也是重要的电力通信载体。它具有地域分布广泛、运行环境复杂、易受自然环境影响和外力破坏、巡线维护工作量大等特点。坚强的输电线路是电网安全运行和通信保障的基础，也是坚强智能电网的基本保证和重要组成部分。

坚强智能电网输电环节的主要特征是：勘测数字化、设计可视化、移交电子化、运行状态化、信息标准化、应用网络化。

为了解决对输电容量的需求持续增长与建设新线路困难的矛盾，近年来人们开始将更多的注意力从电网的扩张转移到挖掘现有网络的潜力上，研究利用其他高效节能输电新技术来均衡电网的潮流和提高输电线路的输送容量，从而提高输电网的输送能力。

因此，智能输电利用特高压、柔性输电、超导输电，以及直流输电等前沿技术，完成远距离、大容量、低损耗、高效率的电能输送。

1. 特高压输电技术

特高压是指 ±800 kV 及以上的直流电和 1 000 kV 以上交流电的电压等级。特高压输电技术具有输送容量大、距离远、损耗低、占地省等显著优势，是一种资源节约型和环境友好型的先进输电技术。

特高压是应对环境危机的产物。化石能源大量开发和使用、环境污染、气候变化等问题日益严峻，尽快摆脱化石能源依赖，实现清洁能源占主导，是大势所趋。立足基本国情和资源禀赋，国家电网制定实施"一特四大"战略，即加快实施特高压电网建

2010 年 7 月投入使用向家坝—上海特高压
直流试验示范工程输电线路
（图片来源：网络）

设，促进大煤电、大水电、大核电、大型可再生能源基地集约开发，着力于"以电代煤、以电代油、电从远方来、来的是清洁电"，实现电能替代、清洁替代。

特高压是保障能源安全的产物。作为能源消费大国，中国只有立足独立自主解决能源问题，才能保证能源安全，才能保证经济社会可持续发展。建设特高压，加大输电比重，实现输煤输电并举，形成能源输送方式相互保障格局，可以促进能源输送方式多样化，减少煤炭运输压力，提高能源供应安全和高效经济运行。

特高压输电技术特点如下：

（1）输送容量大

1 000 kV 特高压交流按自然功率（自然功率指当线路输送有功功率达到某值，此时线路消耗和产生的无功功率正好平衡，此时输送功率即自然功率）输送能力是 500 kV 交流的 5 倍，在采用同种类型的杆塔设计的条件下，1 000 kV 特高压交流输电线路单位走廊宽度的输送容量约为 500 kV 交流输电的 3 倍。

（2）节约土地资源

±800 kV 直流输电方案的线路走廊宽度约 76 m，单位走廊宽度输送容量约为 84 MW/m，是 ±500 kV 直流输电方案的 1.3 倍，溪洛渡、向家坝、乌东德、白鹤滩水电站送出工程采用 ±800 kV 级直流与采用 ±600 kV 级直流相比，输电线路可以从 10 回减少到 6 回。总体来看，特高压交流输电可节省约 2/3 的土地资源，特高压直流可节省约 1/4 的土地资源。

（3）输电损耗低

与超高压输电相比，特高压输电线路损耗大大降低，特高压交流线路损耗是超高压线路的 1/4；±800 kV 直流线路损耗是 ±500 kV 直流线路的 39%。

（4）工程造价节省

采用特高压输电技术可以节省大量导线和铁塔材料，以相对较少的投入达到同等的建设规模，从而降低建设成本。

在输送同容量条件下，特高压交流输电与超高压输电相比，节省导线材料约一半，节省铁塔用材约 2/3。1 000 kV 交流输电方案的单位输送容量综合造价约为 500 kV 输电的 3/4。

2. 柔性输电技术

柔性输电技术是基于现代大功率电力电子技术及信息技术的现代输电技术，其可提高输配电系统的可靠性、可控性、运行性能及电能质量，是一项对未来电力系统的发展可能产生巨大变革性影响的新技术。

柔性输电技术分为柔性直流输电技术和柔性交流输电技术。

（1）柔性直流输电技术

柔性直流输电自身灵活控制潮流和交流电压的功能对系统短路比（短路比指系统短路容量除以设备容量）无影响，可将它放置在系统薄弱环节以增强系统稳定性，适合向远地负载、小岛、海上钻井等孤立网络供电，尤其适合用于风力发电系统。

柔性直流输电技术在用于连接风电场和电网方面具有独特的优势，它无需额外的无功补偿，能实现风力发电的远距离能量输送；另外，可以连接多台风电机组，甚至多个风电场，从而减少换流站的个数，节约成本。

（2）柔性交流输电技术

柔性交流输电技术又称为灵活交流输电技术，是基于电力电子技术改造交流输电的系列技术，它可以对交流电的无功功率、电压、电抗和相角进行控制，从而有效提高交流系统的安全稳定性，满足电力系统长距离、大功率安全稳定输送电力的要求。

3. 超导输电技术

超导输电技术是利用高密度载流能力的超导材料发展起来的新型输电技术。超导输电电缆主要由超导材料、绝缘材料和维持超导状态的低温容器构成。

由于超导材料的载流能力可达到 $100 \sim 1\,000$ A/mm^2（约是普通铜或铝的载流能力的 $50 \sim 500$ 倍），且其传输损耗几乎为零（直流下的损耗为零，工频下会有一定的交流损耗，为 $0.1 \sim 0.3$ W/kA·m）。因此，超导输电技术具有显著优势，主要可归纳为：

（1）容量大。一条 $\pm\,800$ kV 的超导直流输电线路的传输电流可达 $10 \sim 50$ kA，输送容量可达 $1\,600$ 万 $\sim 8\,000$ 万 kW，是普通特高压直流输电的 $2 \sim 10$ 倍。

（2）损耗低。由于超导输电系统几乎没有输电损耗（交流输电时存在一定的交流损耗），其损耗主要来自循环冷却系统。因此，其输电总损耗可降到常规电缆的 $25\% \sim 50\%$。

（3）体积小。由于载流密度高，超导输电系统的安装占地空间小，土地开挖和占用减少，征地需求小，使利用现有的基础设施敷设超导电缆成为可能。

（4）重量轻。由于导线截面积较普通铜电缆或铝电缆大大减少，因此，输电系统的总重量可大大降低。

（5）增加系统灵活性。由于超导体的载流能力与运行温度有关，可通过降低运行温度来增加容量，因而有更大的运行灵活性。

（6）如果采用液氢或液化天然气等作为冷却介质，则超导输电系统就可变成"超导能源管道"，从而在未来能源输送中具有更大的应用价值。例如，从新疆向中东部地区供应远距离液化天然气和可再生能源电力，就可采用这样的"超导能源管道"。

智能输电的发展目标是以特高压电网为骨干网架、各级电网协调发展的坚强电网为基础，广泛采用柔性交/直流输电技术，提高线路输送能力。同时，推动输电线路状态检修和全寿命周期管理，建设输电设备状态监测系统，在重要输电线路和巡检环境复杂的地区实现智能巡检，实现对特高压线路、重要输电走廊、线路大跨越、灾害多发区的环境和运行状态的集中监测和灾害预警。

智能变电

要充分理解"电力大白"的智能变电能力，需要首先了解传统变电站的组成。

1. 传统变电站的组成

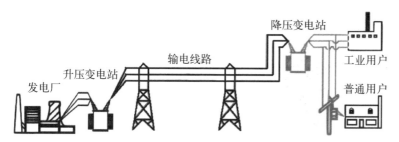

传统变电站的组成
（图片来源：网络）

（1）电气主接线

电气主接线又称电气一次接线图，其按照电能汇聚、分配和交换的需求，表示主要电气设备和母线之间形成的相互连接关系，以及本变电站与电网的电气连接关系。

（2）主要设备

变电站的主要电气设备有电力变压器、高压开关、电压互感器、电流互感器、避雷器、母线、相关设备的保护装置、自动装置以及各种无功补偿装置等。

电力变压器
（图片来源：网络）

断路器
（图片来源：网络）

互感器
（图片来源：网络）

避雷器
（图片来源：网络）

① 电力变压器

作用：将不同电压等级的输电线路和设备连接成为一个整体，以实现传输和分配电能的目的。

② 高压开关（电器）设备

作用：关合及开断高压正常电力线路，以输送及倒换电力负荷；从系统中退出故障设备及故障线路，保证电力系统安全、正常运行；将已退出运行的设备或线路进行可靠接地，以保证电力线路、设备和运行维护人员的安全。

高压开关（电器设备）主要包括断路器、隔离开关和接地开关等。

③ 互感器设备

作用：将电网高压侧、大电流变换为低压侧、小电流的一种特殊变换器，是一次系统和二次系统的联络元件之一。

④ 避雷器

作用：用来保护电力系统中各种电器设备免受雷电过电压、操作过电压、工频暂态过电压冲击。

⑤ 母线设备

作用：汇集、分配和传送电能。

由于母线在运行中，有巨大的电能通过，短路时，承受着很大的发热和电动力效应。因此，必须合理地选用母线材料、截面形状和截面积以符合安全经济运行的要求。

⑥ 各种补偿设备

作用：补偿传输过程中无功功率的损耗，以保持电网中电压、频率的稳定。

变电站无功补偿装置
（图片来源：网络）

各种补偿设备是保持电网稳定的基础，对大电网的稳定起着重要作用。

⑦ 电力系统继电保护装置

作用：当电力系统发生故障或异常工作情况时，在可能实现的最短时间和最小区域内自动将故障设备从系统中切除，或者给出信号由值班人员消除异常情况的根源，以减轻或避免设备的损坏和对相邻地区供电的影响，提高供电可靠性，减少不必要的经济损失。

2. 智能变电站

智能变电站是采用先进、可靠、集成、低碳、环保的智能设备，以全站信息数字化、通信平台网络化、信息共享标准化为基本要求，自动完成信息采集、测量、控制、保护、计量和监测等基本功能，根据需要支持电网实时自动控制、智能调节、在线分析决策、协同互动等高级功能的变电站。

智能变电站可实现人性化调节，当低压负荷量增加时变电站送出满足负荷量的电量，当低压负荷量减小时，变电站送出电量随之减少，确保节省能源。智能变电站由数字化变电站演变而来，主要由设备层、系统层组成，与传统变电站最大差别体现在三个方面：一次设备智能化、设备检修状态化以及二次设备网络化。

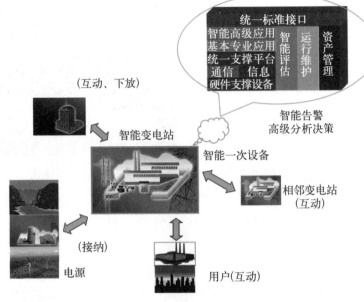

统一标准接口
智能高级应用
基本专业应用
统一支撑平台
通信　信息
硬件支撑设备
智能评估
运行维护
资产管理

（互动、下放）

智能变电站

智能告警
高级分析决策

智能一次设备

相邻变电站
（互动）

（接纳）

电源

用户(互动)

智能化变电站概念图
（图片来源：网络）

国家电网唯一一个 500 kV 智能化升级改造试点变电站
——金华 500 kV 芝堰变电所
（图片来源：网络）

智能变电站除了变电站内设备及变电站本身可靠性外，同样具有自身的诊断和自愈功能，能做到设备故障提早预防、预警，并可以在故障发生时，自动将设备故障带来的供电损失降低到最小程度。

智能配电

配电是电力系统中向用户分配电能的环节，是电力系统中的重要环节，和人们生活密切相关。提高配电网的供电可靠性和供电质量，是实现人民安居乐业、经济发展、生活富裕的重要保证。

配电网是在电网中起分配电能作用的网络。配电网是电力系统中二次降压变电所低压侧直接或者降压后向用户供电的网络，由馈线、配电变压器、断路器、补偿电容器、各种开关等配电设备构成。

在我国 110 kV 电压等级以下电网称为配电网，其中，大于等于 35 kV 属于高压配电网；小于 35 kV，大于等于 1 kV 属于中压配电网；380/220 V 属于低压配电网。如常见的 66 kV、35 kV 高压配电网，10 kV、6 kV 中压配电网。

我国已在建设网架坚强、可靠运行的配电网方面开展了大量的工作，并在基于配电网自动化的智能配电网建设方面进行了有益的尝试。

配电自动化和配电管理系统在中国经过近十年的发展，技术取得了长足的进步，配电自动化系统得到了初步应用。部分城市配电管理系统的建设已经涵盖了地理信息系统（GIS）、生产管理系统（PMS）、故障管理（OMS）、工作管理（WMS）并实现与配电监控系统（DSCADA）、客户管理系统（CMS）、企业资源规划系统（ERP）的接口，初步建成了配电生产业务高效处理的公共支撑平台。2010 年，配电自动化试点工程完成了第一批（银川、杭州、厦门、北京 4 个城市核心区）配电自动化建设和改造任务。

智能配电是电力大白体内的各级动脉及毛细血管，以灵活、

可靠、高效的配电网网架结构和高可靠性、高安全性的通信网络为基础，支持灵活自适应的故障处理和自愈功能，利用信息通信、高级传感和测控等技术，满足高渗透率的分布式电源和储能元件接入的要求，满足用户提高电能质量的要求。

智能配电的发展目标是，充分利用现代管理理念，采用先进的计算机技术、电力电子技术、数字系统控制技术、灵活高效的通信技术和传感器技术，实现配电网"能量流、信息流、业务流"的高度融合，构建具备集成、互动、自愈、兼容、优化等特征的智慧配电系统。

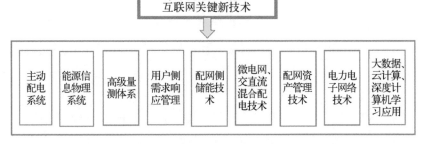

未来配电网关键新技术

智能配电涉及的技术领域主要有：

1. 配电网规划

多能源优化规划将引领未来配电系统的发展。研究基于不同目标需求的配电网优化规划方法，这些需求包括供电可靠性需求、分布式电源接入、考虑多目标性和不确定性的需求；研究满足自愈性要求的配电网网络结构、开关设备优化配置原则；研究满足在线规划、多约束条件优化的配电网规划计算机辅助决策支持系统等技术。

2. 配电设备智能化

一方面包括快速发展的智慧传感器和无线传感器网络。另一方面包括电力电子网络化技术、关键设备和新型材料，以实现能源网络与通信网络融合。

　　配电设备智能化的研究主要集中在一次开关设备与二次监控单元集成技术、配电设备状态监测与优化检修技术；研究环保智能化柱上断路器、少维护金属封闭开关装置、智能配电终端、配电网保护测控一体化装置、高效节能配电变压器、复合电能质量控制装置等设备。

　　3. 配电自动化

　　发展方向将是集成规划和运行的配电网升级智能的主动配电系统，其特征表现为：接纳高渗透率的可再生能源，多维非线性的随机系统，海量多源的离散大数据，动态多时空差异的源与负荷，绿色环保的社会义务，以及不断提高的服务质量要求。

　　4. 分布式发电 / 储能与微电网的接入与协调控制

　　涉及分布式电源、微电网的配电网规划、调度、运行监视、继电保护和电能质量治理等技术；微电网大功率并网和换流标准化装置；虚拟电厂技术和基于该技术的分布式供电管理系统。

　　5. 智能电网大数据应用技术

　　未来配网的管控将依托于大量信息的高效采集和综合利用，例如资产管理、电网运维、调度以及用户侧管理等各个环节，需要丰富的设备状态信息、电网运行信息、负荷信息、DG/ 微电网实时运行信息、天气、地理环境信息和历史信息等提供证据支持。进而在管理理念上，由经验主导转变为"数据 + 经验"的多维证据融合决策机制。随着数据获取和利用方式的日益成熟，以及 IPv6、大数据、云计算等先进互联网技术的逐步广泛利用，数据的价值和所占的决策权重将日益增大。同时大数据、云计算与深度机器学习也为弥补技术代沟、实现知识传承提供了新的工具。

　　总之，未来配电网的趋势将会是跨学科、跨行业、跨专业的技术融合，主要表现为以大功率电力电子技术和各类智能传感器为桥梁的现代电网与互联网的融合。例如：现代配电技术与现代信息通信技术的融合；高电压技术与微电子技术的融合；交、直流网架的融合以及一二次设备的融合。

新能源与储能系统的接入

目前，新能源的开发利用主要以生产电能的形式进行，但传统的电网结构并不能满足大规模新能源接入的要求，但"电力大白"在电网调度系统的指挥与控制下，经过输、变、配、用等环节，将新能源转换而来的电能供给用户，其技术手段包括以下方面：

1. 新能源智能调度技术

新能源大多与当地的气候条件紧密相连，天气变化、风云莫测、阴晴不定的气候条件使得新能源发电大多具有间歇性、周期性、波动性等特点。智能电网的调度系统作为电网运行的神经中枢在为大规模间歇式新能源输送保驾护航的同时，保证了电网的安全稳定运行。

在智能电网调度系统中，基于天气预报应用的间歇式新能源发电功率预测，将及时准确地掐算出间歇式新能源发电情况。基于负荷预测信息、新能源发电功率预测信息的间歇式新能源与常规机组的联合优化发电调度技术，将促进编制合理的新能源电站发电计划，提高新能源调度运行的经济性。

基于新能源的时空分布特性以及大型风力发电、光伏发电基地之间的相互关联特性的新能源调度运行控制技术将充分利用电网的储能、蓄能设施，协调配合其他发电能源，平抑风力发电、光伏发电等新能源发电的功率波动，实现电网稳定控制，以及新能源与常规电源的智能协调优化运行。

2. 新能源配用电技术

目前中国的新能源发电呈现出"大规模集中开发、中高压接入"与"分散开发、低电压就地接入"并举的发展趋势。规模大的风能、太阳能等可再生能源资源需要走集中开发、规模外送、中高压接入输电网，大范围消纳的发展道路。小规模的新能源作为分布式能源接入配电网，就地消纳。因此，大规模新能源的分布式接入对传统的配用电系统提出了新的挑战。

研究院及电力企业根据新能源分布式接入对配电网在规划、运行、控制等方面的影响，研制了智能化的配用电设备和系统，为新能源的分布式接入提供了保障。这些设备将使得新能源分布式发电具备一定的功率调节能力和对电网的支撑能力，保证了新能源分布式接入配网后用户的安全可靠用电。

智能用电服务系统为电力企业和电力用户之间提供了友好、可视的交互平台，是电力企业提供人性化管理、连接客户的桥梁。用户可以通过简单的操作获取电量、电价、电费等信息，电网则可向用户发送缴费、检修以及电价政策信息等。智能化的配用电设备将支撑配电网的智能化建设，实现对分布式新能源的接纳与协调控制，提高配电网供电可靠性，改善供电质量，使用户尽情享受人性化的电力服务。

3. 新能源发电入网要求

电网是连接电源和用户的桥梁，负责将各种不同类型的电源发出的电力输送到最终用户。同时，电源又必须严格满足电网安全可靠运行的要求，服务大局，根据电网调度的指令实施发电调节与控制。因此，在智能电网这一接纳新能源的高速公路上，尽管新能源一个个秉性各异，对电网的影响也是各不相同，但定位却一样，即新能源发电接入电网后必须具备接近常规水火电机组的优良性能，能够支撑电网的安全稳定运行，与电网实现良性互动。

目前智能电网在发电环节一方面通过完善新能源发电接入电网的技术标准，规范新能源电站必须具备的性能指标，引导新能源发电先进技术与先进装备的开发与应用；国家电网公司于2009年分别针对风电场和光伏电站接入电网出台了《国网公司风电场接入电网技术规定》《国网公司光伏电站接入电网技术规定》。技术规定分别对风电场和光伏电站在接入电网之后的电能质量、功率控制和电压调节、电网异常时的响应特性等方面进行了具体的规定，并要求风电场、大型和中型光伏电站必须具备与电网调度机构进行通信的能力。另一方面通过重点研究先进的新能源发

电核心控制技术，如自动电压控制、自动发电控制、故障穿越技术等，使新能源电站在向电网提供优质电能的同时，具备支撑电网运行的能力，实现与电网的灵活互动。

另外，利用储能技术改善新能源电站输出功率稳定性，降低电网运行风险。

小结

高效输配电的实现对能源资源大规模跨区域调配和中国范围内优化配置具有重要意义。其中，智能调度核心是在线实时决策，可以实现突变防治，保障电网运行安全；智能输电保证了远距离、大容量、低损耗高效率电能输送；智能复电可以自动实现信息采集、测量、控制，智能调节变电站；智能配电可以优化向用户配电环节的运行，满足用户对电能质量的需求。

稍纵即逝的电能的存储

可望不可得的"电能"

夏天的傍晚，风雨交加之时，一道闪电划过长空，黑暗中的那道光明犹如启迪困境中人们的钥匙——深陷开采化石燃料之苦漩涡中的人们，如果能将闪电含有的能量搜集起来该有多好啊！据科学家研究表明，闪电中的能量一旦被人类利用下来，它将极大地改变能源供给现状，然而闪电的瞬时性、不可控性等，给人们研究工作的推进带来了困难。闪电瞬间释放的电压高达百万伏，电流最大可达数万安培，目前人类还无法瞬间消化掉这一能量。

相比于闪电，人类通过各种发电厂制造出的电能则易控制许多，不过这一电能在使用过程中同样也具有瞬时性。"电力大白"

（图片来源：网络）

在传统电网的基础上完成了升级改造，拥有了在用电低峰时储存多余的电能，在用电高峰时释放电能的"超能力"。那么"电力大白"是怎么拥有这项超能力的呢？

储能技术的分类

用电低峰期的电能储存形式主要分为物理储能（如抽水蓄能、蓄水储能、飞轮储能、压缩空气储能等）、化学储能（如锂离子电池、铅酸电池、镍镉电池、钠硫电池、超级电容器等）、电磁储能（如超导电磁储能）和相变储能（如冰蓄能等）四大类。

1.物理储能

（1）抽水蓄能

抽水蓄能电站利用电力负荷低谷期的电能将水从下池水库抽到上池水库，此时的电能转化为重力势能储存起来，在电网负荷高峰期释放上池水库中的水进行发电。储存在上池水库高势能水的释放时间可以持续几天，且期间还会存在新的水量补充到上池水库，适用于电力系统的调峰、调频、稳定电力系统的电压和周波等，综合利用效率在 75% 左右。

宁波溪口抽水蓄能电站
（图片来源：网络）

　　瑞士于 1882 年建成了世界上最早的抽水蓄能电站，相比于欧美发达国家，中国在这方面的建设起步较晚，但是中国的技术起点较高，已建设的广东惠州抽水蓄能电站、江西洪屏抽水蓄能电站并列为世界上装机容量最大的抽水蓄能电站，技术水准已处于世界先进水平。

　　抽水蓄能电站的建设易受到地理的制约，建设要求较高，某些情况下也会对山体压力分布产生影响。

　　（2）飞轮蓄能

　　飞轮蓄能的工作原理是利用电动机带动飞轮高速旋转，将电能转化成为机械能储存起来，在实际需要时通过调节飞轮的转速来带动发电机发电。其系统主要包

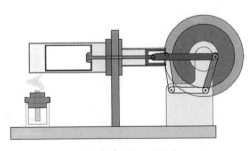

（图片来源：网络）

括转子系统、轴承系统和转换能量系统三个部分构成。真空环境为飞轮系统最理想的工作环境。

与其他形式的储能方式相比较，飞轮储能具有损耗小、效率高、使用年限长、对环境无污染等优点，适用于电网调频、稳流、稳压等；其缺点是能量密度不够高，自放电率高，在高峰期的优势不明显，但随着新型材料和电力电子的发展，飞轮储能技术将越来越显示出它的优越性。

2016年3月3日，清华大学联合中石化中原石油工程有限公司研制的我国第1台兆瓦级飞轮储能电源工程样机在河南省兰考县石油基地飞轮总装厂内由第三方检测到充放电循环效率为86%～88%，发电最大功率1 088 kW。这标志着我国首台兆瓦级飞轮储能电源研制成功。

（3）压缩空气储能

压缩空气储能技术在电网负荷低谷期将电能用于压缩空气，多数情况下将空气密封在山洞、过期油气、报废矿井中，在用电高峰期时通过释放压缩的高压空气来推动汽轮机发电。压缩空气储能对密封系统要求较高，在储存运行期间要做好充分准备。其

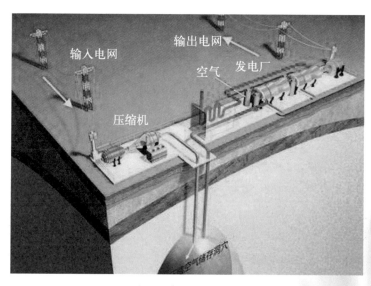

（图片来源：网络）

具有碳零排放、使用寿命高、环境友好等特点。

世界上第一台商业运行的压缩空气储能机组于 1978 年在德国亨托夫诞生，其发电量为 29 万 kW·h。1991 年建于美国亚拉巴马州的压缩空气储能系统把压缩空气储存在地下 450 m 的废盐矿中，可为 110 MW 的汽轮机连续提供 26 小时的压缩空气。

2. 化学储能

（1）铅酸蓄电池

铅酸电池采用稀硫酸为电解液，二氧化铅和铅（绒状铅）分别作为电池的正极与负极，隔板采用先进的多微孔 AGM 材料以防止正极与负极短路。放电状况下，此类电池的正负极的主要成分均为硫酸铅。

（图片来源：网络）

铅酸电池的放电电压比较稳定，规格常见的有 24 V、36 V、48 V 等，其生产成本低、技术比较成熟、储能容量大。因此，一些中大型电动交通工具也基本上以此类电池为主。但铅酸电池的重量较大，并随着使用次数增加性能下降、储存能量密度变低，从而导致存电效果越来越差。另外，由于铅是重金属有毒元素，故存在安全隐患。

（图片来源：网络）

铅酸蓄电池领域最先进的技术铅炭电池，是将高比表面碳材料（如活性碳、活性碳纤维、碳气凝胶或碳纳米管等）掺入铅负极中，通过高比表面碳材料的高导电性和对铅基活性物质的分散性，提高铅活性物质的利用率，发挥出超级电容的瞬间大容量充电的优点。

同时，碳材料加入负极板中，能抑制硫酸铅结晶的长大，有效地保护负极板，显著提高铅酸电池的寿命。

目前，铅炭电池不仅广泛应用于新能源车辆中，如：混合动力汽车、电动自行车等领域；同时，作为新能源储能电池的发展方向之一，应用于新能源储能领域，如分布式储能、微网储能等。在多个国内储能示范项目中，如东福山岛风光储能及海水淡化体系、浙江鹿西岛 4 MW·h 新能源微网储能项目等均使用了铅炭电池。

（2）锂离子电池

锂离子电池是一种二次电池，阴极材料为锂金属氧化物。此类电池在充放电过程中，锂离子在两个电极之间往返嵌入与脱嵌，由于锂元素相对分子质量较小，具有高效率、高能量密度的特性，故此类电池具有工作电压稳定、工作温度范围宽、储存寿命长等优点。但是其在尺寸制造方面存在一定问题，且价格昂贵，一般只应用于高档电子产品，如现在人们的生活中已完全离不开的手机。当然随着人民消费水平的提高，使用锂电池作为动力源的电动车开始浮现，预计未来的普及率会越来越高。

2011 年，我国第一个兆瓦级电池储能站、南方电网兆瓦级电池储能站在深圳宣告并网成功，总装机容量为 10 MW。

（3）钠硫电池

钠硫电池是美国福特（Ford）公司于 1967 年首先发明公布的，

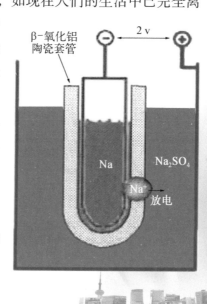

至今已有 50 年的历史。钠硫电池是由熔融液态电极和固体电解质组成，构成其负极的活性物质是熔融金属钠，正极的活性物质是硫和多硫化钠熔盐，固体电解质兼隔膜的是一种专门传导钠离子被称为氧化铝的陶瓷材料，外壳则一般用不锈钢等金属材料。钠硫电池具有能量密度大、充电效率高（80% 左右）、循环寿命相比于其他蓄电池较长等特点。由于其工作过程需要保持高温，故具有一定的安全隐患。

2004 年，日本在本国日立自动化工厂安装了当时世界上最大的钠硫电池系统，容量是 9.6 MW。

2010 年 4 月 16 日，中国科学院上海硅酸盐研究所和上海市电力公司技术与发展中心联合研制成功的 100 kW/800 kW·h 钠硫储能电站，在上海硅酸盐所嘉定南门产业化基地成功启动运行。该电站是国家电网上海世博园智能电网综合示范工程（上海漕溪能源转换综合展示基地）的一部分。

（4）镍镉电池

镍镉电池以氢氧化镍（NiOH）及金属镉（Cd）作为产生电能的正负极材料。其放电时电压稳定，内阻小，轻度的过充、过放对镍氢电池来说容忍度较大。

目前大型袋式和开口式镉镍电池主要用于铁路机车、装甲车辆、飞机发动机等，作为起动或应急电源。圆柱密封式镉镍电池主要用于电动工具、剃须器等便携式小电器。小型扣式镉镍电池主要用于小电流、低倍率放电的移动电话、电动玩具等。但由于镍为重金属，对环境及人体有伤害，故现已退出数码类设备电池的电源供给。

（5）铁电池储能

铁电池主要有高铁和锂铁两种，在高铁电池中，可作为电池负极的材料包括锌、铝、铁、镉和镁等，可作为高铁电池正极的材料报考稳定的高铁酸盐（K_2FeO_4、$BaFeO_4$）等。铁电池具有能量密度大、体积小、重量轻、寿命长、无污染等特点。市场上的民用电池功率只有 $30 \sim 135\ W$，而高铁电池可以达到 $1\ 000\ W$ 以上，放电电流是普通电池的 $3 \sim 10$ 倍，故特别适合需要大功率、大电流的场合。

2011 年 12 月 25 日，比亚迪与中国国家电网联合开发的一套 $36\ MW \cdot h$ 的电池储能电站在河北省的张北县正式投产。此工程是国家电网风光储输示范工程的一部分，是国家"金太阳"工程重点项目，由国家电网公司设计建设，为国家智能电网建设提供了新的技术支撑。

3. 电磁储能

（1）超导电磁储能

超导储能系统是利用超导线圈将电磁能直接储存起来，需要时再将电磁能返回电网或其他负载的一种电力设施，一般由超导线圈、低温容器、制冷装置、变流装置和测控系统部件组成。

超导储能系统可用于调节电力系统峰谷。超导电磁储能在功率补偿、频率调节、系统稳定性等方面作用较大，也可用于降低甚至消除电网的低频功率振荡，从而改善电网的电压和频率特性；同时还可用于无功和功率因素的调节以改善电力系统的稳定性。超导储能技术具有响应速度快、转换效率高等优点。

当前世界上，低温超导储能装置已经形成产量，$100\ MJ$ 超导储能装置已投入高压输电网中实际运行。除此之外，美国最新一代航母福特级采用了弹射起飞技术，而此技术最大的难点就在于电能的储存与释放。

（2）超级电容器储能

超级电容器是建立在德国物理学家亥姆霍兹（1821—1894年）提出的界面双电层理论基础上的一种全新的电容器。

超级电容器是世界上已投入量

产的双电层电容器中容量最大的一种，其基本原理是利用活性炭多孔电极和电解质组成的双电层结构获得超大的容量。相对铅酸电池、镍镉电池、锂离子电池，超级电容器具有节能、超长使用寿命、安全、环保、宽温度范围、充电快速、无需人工维护等优点，充放电循环可达百万次，非常适合用作备用电源和提供峰值功率。

4. 相变储能

冰储能

冰蓄能多数情况下应用于冷藏与空调行业，利用水相变潜热技术，在水降低温度变为冰的过程中，会储存大量的冷量。标准状况下，温度为 0℃时，冰的蓄冷密度高达 334 kJ/kg，因此在用电低谷期，可以将水制冷成冰保存起来，在用电高峰期，作为空调冷源的补充，减少了电力资源的浪费，同时也为采用冰蓄能的用户降低了电力成本。

小结

伴随着人类经济社会的快速发展，人们对电能的需求也迈上了一个更高的台阶，对电能的合理、高效率利用当然离不开对剩余电能的储存，较之于物理储能与超导电磁储能的局限性，电化学储能更贴近于人们的日常生活，例如高容量锂电池在手机上的应用，高性能化学电池在新能源汽车上的应用等。电化学储能的移动便携、安全、工作时的稳定等优点，决定着其在未来扮演的角色将越来越重要。

"吞吐"电能的新能源汽车开发

为了使运输低碳化，许多国家致力于发展新能源汽车（尤其是电动汽车，简称 EV）。从环境角度看，电动汽车的尾气主要由氢气和水气组成，基本可以实现"零污染"要求；从能源角度看，电力获取途径广泛，燃料来源灵活。另外，由于新能源电动汽车都装配了大容量的电池，从电力系统的角度看，新能源汽车不仅可以看作负荷，还可以看作分布式储能装置——即"吞吐"电能的新能源汽车。

新能源汽车可以与"电力大白"互通，在用电高峰时，电力大白可以从数十甚至数百台电动汽车获取电能。因此，"吞吐"电能的新能源汽车开发提高了既有电网利用率，增加了容纳能力，最大限度地降低了充电负荷对电网的负面影响。而对用户来说，当电力价格低时，可用来存储电能，而当价格升高时，可再卖回给电网，从而由售电方和用户双向约束、优化、完善绿色电力灵活交易市场规则。

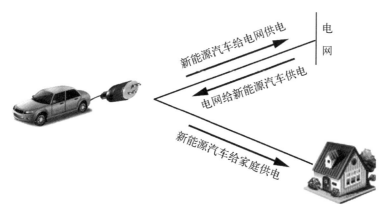

电动汽车 + 用户 + 电网关系图

电动汽车简介

电动汽车按动力源一般分为三类，即：纯电动汽车、混合动力汽车和燃料电池动力汽车。纯电动汽车的动力来自蓄电池；混合电动汽车的动力源于 2 种或 2 种以上的能源，如蓄电池和汽油发动机或柴油发动机，这些能源可分别用作汽车的动力来源，也

（图片来源：网络）

可相互协作或以主辅关系来驱动汽车；燃料电池电动汽车的动力来自燃料电池。

纯电动汽车是国际公认的新能源汽车的最佳解决方案，但在充电基础设施完善之前，混合动力汽车仍将是过渡产品，燃料电池汽车在发展大型固定路线交通工具上占有优势。无论以何种电动汽车为研发重点，各个国家和地区都依据自身情况做了不同选择。

电动汽车"吞吐"电能关键技术

在智能电网时代，电动汽车作为移动式分布式储能单元，与智能电网实现双向能量流，其主要交互方式是能量交互。因此，在本章节中对电动汽车关键技术的介绍主要集中在电池技术、能量管理技术以及电网交互技术。关于电机驱动及其控制技术等可根据兴趣查阅其他相关书籍。

1. 电池技术

电池是电动汽车的动力源泉，也是一直制约电动汽车发展的关键因素。电动汽车电池的主要性能指标是比能量、能量密度、比功率、循环寿命和成本等。要使电动汽车能与燃油汽车相竞争，关键就是要开发出比能量高、比功率大、使用寿命长的高效电池。

电池技术的发展面临的最关键问题有：极低的电池能量密度；过重的电池组；有限的续驶里程与汽车动力性能；电池组昂贵的价格及有限的循环寿命；汽车附件的使用受到限制。

到目前为止，电动汽车用电池经过了3代的发展，已取得了突破性的进展。

（1）第1代铅酸电池

以阀控铅酸电池（VRLA）为代表，铅酸电池以其技术成熟、价格低廉及安全性高等优点深受众多汽车厂商的青睐，在电动汽车的动力应用中也占有巨大的市场份额，但其包含铅和硫酸，给环境带来巨大的污染隐患。

（2）第2代碱性电池

以锂电池为代表，包括镍镉、镍氢、钠硫及锌空气等多种电池，相对于铅酸电池，锂离子电池具有功率及能量密度大、转换效率高、使用寿命长、重量轻和无污染等优点，大大提高了电动汽车的动力性能和续驶里程，但其价格却比铅酸电池要高得多。

（3）第3代以燃料电池为主的电池

燃料电池的最大特点在于由于反应过程中不涉及燃烧，因此其能量转换效率不受"卡诺循环"的限制，其能量转换率高达60%～80%，实际使用效率则是普通内燃机的2～3倍，另外，它还具有燃料多样化、排气干净、噪声低、对环境污染小以及可靠性、维修性好等优点，因此是理想的汽车用电池。

各种车用电池的性能比较

电池类型	比能量（W·h/kg）	比功率（W/kg）	能量密度（W·h/L）	功率密度（W/L）	循环寿命（次）
铅酸电池	35	130	90	500	400～600
镍镉电池	55	170	94	278	500以上
镍氢电池	80	225	143	470	1 000以上

电池类型	比能量 （W·h/kg）	比功率 （W/kg）	能量密度 （W·h/L）	功率密度 （W/L）	循环寿命 （次）
锂电子电池	100	300	215	778	1 200
燃料电池	500	60			
飞轮电池	14	800			25 年

以上各种车用电池中，铅酸钠蓄电池自身的体积过大，衰减的速度也非常大，所以其发展的前景并不是十分乐观。镍氢电池虽然在某些领域有非常广泛的应用，但是其在容量上并不占优势，单体电压也不是很高，所以在改进工作中也是困难重重。相对来说最好的就是锂电池，因其自身有着非常高的能量密度，在发展的过程中体现出巨大的优势。

锂离子电池作为电动汽车动力能源的首选，其容量大、体积质量小的优点正符合现代电动汽车的要求。电动汽车使用的锂离子电池，其原理和手机电池是一样的，充电时分快充和慢充。以普通家用轿车为例，快充时可以在两小时以内充满 50 kW·h，慢充时不同电动车不一样，基本能在 8 小时以内充满 50 kW·h。

2. 能量管理技术

蓄电池是电动汽车的储能动力源。电动汽车要获得非常好的动力特性，必须采用具有比能量高、使用寿命长、比功率大等优点的蓄电池作为动力源。而要使电动汽车具有良好的工作性能，就必须对蓄电池进行系统管理。

能量管理系统是电动汽车的智能核心。一辆设计优良的电动汽车，除了有良好的机械性能、电驱动性能、选择适当的能量源（即电池）外，还应该有一套协调各个功能部分工作的能量管理系统。能量管理系统通过对电池外特性的在线测量和估算，实时地掌握电池的工作状态，在不出现滥用和不合理使用的情况下，

各类电动汽车续航里程

	车型名称	纯电续航里程（km）	类　型	排名
美国市场	特斯拉 model S	480	纯电动车	1
	日产聆风	160	纯电动车	
	雪佛兰沃蓝达	80	曾程型电动车	
	瑞普斯插电式混合动力车	23.4	插电混动车	
	福特 C-MaxEnergi	32	插电混动车	
	三菱 i-MiEV 电动车	160	纯电动车	
	福特福克斯电动车	122	纯电动车	
	丰田 RAV4 电动车	160	纯电动车	
	雅阁插电式混合动力车	16～24	插电混动车	
	本田飞度电动车	198	纯电动车	4
	Smart for Two 电动车	145	纯电动车	
中国市场	比亚迪 E6	300（城市工况） 400（等速工况）	纯电动车	2
	比亚迪 F3DM	100	插电混动车	
	比亚迪秦	70	插电混动车	
	比亚迪 K9	250	纯电动车（客车）	3
	腾势	300	纯电动车	2
	北汽 E150	150	纯电动车	
	荣威 E50	180	纯电动车	5
	启辰晨风	160	纯电动车	
	江淮和悦 iEV4	160	纯电动车	

实现电池能量的充分和高效利用，提高运行效率。能量管理系统主要实现以下几项功能：优化系统的能量分配；预测电动汽车电池的荷电状态（SOC）和相应的续驶里程；再生制动时，合理地调整再生能量。

世界各大汽车制造商的研究机构都在进行电动汽车车载电池能量管理系统的研究与开发。电动汽车电池当前存有多少电能，还能行驶多少公里，是电动汽车行驶中必须知道的重要参数，也是电动汽车能量管理系统应该完成的重要功能。应用电动汽车车载能量管理系统，可以更加准确地设计电动汽车的电能储存系统，确定一个最佳的能量存储及管理结构，并且可以提高电动汽车本身的性能。

在电动汽车上实现能量管理的难点，在于如何根据所采集的每块电池的电压、温度和充放电电流的历史数据，来建立一个确定每块电池还剩余多少能量的较精确的数学模型。

3. 电网的交互技术

在智能电网时代，电动汽车和智能电网的交互方式包括能量交互和信息交互。能量交互是电动汽车作为移动式分布储能单元，与电网实现双向能量流动（根据电网或者电动汽车的需要）。信息交互是电动汽车、用户、电网之间建立信息交互，交互的信息包括车辆能量状态、电网负荷状态、计费信息等。

纯电动汽车和混合动力汽车可以利用谷电充电、利用可再生能源充电。而当电网失电时，汽车电源可以为电网提供备用容量，向电网放电以支撑局部电网运行。但是当电动汽车的大量充电负荷接入电网时，需要衡量发电侧电能供给平衡，电网原有装机和线路容量是否能应对新增充电负荷需求。

由于电动汽车大量无序、随机充电负荷与原有峰值叠加，将形成新的负荷，对配电网带来巨大影响，因此电动汽车负荷的接入对配电网影响的研究备受关注。对配电网的影响主要分为三方面：电能质量（谐波电流、电压偏移、电压不平衡）、电网经济

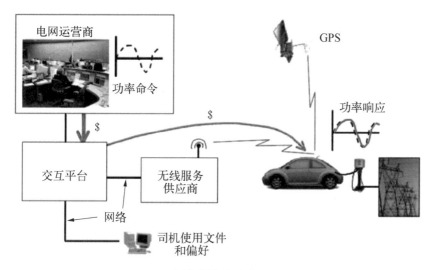

新能源汽车服务

性（网络和变压器功率损耗、线路及变压器负载）、安全稳定运行（电压波形、峰值负荷、电器设施寿命）。

科学的电动汽车充电控制将对电网影响降到最小。

（1）时间控制：电动汽车在给定时刻、通常电费或负荷处于低谷阶段开始充电。对负荷曲线有所改善，但由于控制方式单一、方法简单，仍然存在负荷火峰。

（2）智能控制：电动汽车与电网进行实时通信，充电受电网控制，可在电网允许时进行充放电。

（3）电价引导：基于开放的电力市场环境，通过电价信号引导电动汽车充放电，智能充电装置可根据电价信号为用户制定最经济的充放电方案。

因此，在不扩大电网规模的情况下，如何提高原有电网利用率、增加容纳能力，同时最大限度降低充电负荷对电网的负面影响，在分析充电负荷特性的基础上，针对电动汽车充电对电网各方面的影响提出相应对策，将对电动汽车产业化进程具有重要的研究意义。

小结

未来电动汽车不仅具有蓄电池的功能，也会兼具网络属性，将人类家庭和"电力大白"紧密联系在一起。同时，在长远的节能减排、社会环境效益和背后巨大的经济利益驱动下，电动汽车作为一项新兴产业，无论在技术、数量还是在产业化程度上都将不断取得突破。

"出谋划策"的智能电表的普及

走近智能电表

智能电表是整个智能电网数字化的基础，在用户（家庭）端体现得尤其明显。

当你去交电费时，有没有想过家里的电费里有一部分是瞎子点灯——白费蜡呢？这是因为很多家用电器虽然关闭着，但只要是处于待机状态，设备依然在耗电，比如说网络机顶盒功率约为 6 W，其他电视机、洗衣机、挂式空调等为 0.4～1.2 W，就算是手机充电器不拔也在耗电状态，所以有很多你看不到的"电耗子"在偷电。为了消除这些偷电的"电耗子"，你想不想有个"电管家"帮你进行科学管理呢？

用户使用的由电力公司提供的电能，所需的电费需要定时按照电力公司规定的价格缴纳。如果你在家安装了新能源发电系统，发现其产生的新能源产品在自用后仍过剩，便可将过剩的部分电能卖给电网公司，此时，如果你有一个"电管家"，则它能够帮助你自动完成售卖工作，你可能不但不需要交电费还能小赚一笔。

"电管家"可以帮你完成这么多工作内容，主要是因为它可以实时统计家用电器的用电数据、记录自家的新能源发电量、售电量等信息。在现实世界中，"电管家"即智能电表，智能电表是"电力大白"的智能终端、敏感的神经末梢。通过智能电表的精确计量来算出电费，可以为人类的生活提供最人性化、最经济的用电及售电方案。

通过智能电表"电力大白"可以与电力用户友好互动，实时满足用户对电力供应的开放性和互动性要求。智能电表的使用一方面可以保证人类经济安全地使用电能，另一方面可以根据用户用电的数据来准确预测电力需求、设计供电输电方案，从而保持电网的稳定性、安全性、经济性。

智能电表是以计算机技术、通信技术、测量技术为基础，以智能芯片（如 CPU）为核心，具有数据采集、数据分析以及管理等功能的先进计量设备。在智能电表中植入一块手机卡大小的物联卡，人们就可以利用移动 4G 网络对千家万户实现远程自动抄表计费，将不但节省人力物力，更杜绝了原人工抄录出现的用电误读、误抄、漏抄和抄表不及时等问题。

智能电表
（图片来源：网络）

未来电费和用电量的"透明化"将与用户的节能息息相关。实时电价的透明化，将引起负荷的转移。用电需求增加时，电费较贵，用户可以自行控制用电，可以在节能的同时避免出现电力高峰期供电不足的情况。

智能电表的"前世"

电能表已有一百多年的发展历史了，最早的电能表是 1880 年（或 1881 年）爱迪生利用电解原理发明的第一台直流电能表（安时计）。随着交流电的发现和应用，感应式电能表诞生

了。1889年，匈牙利岗兹公司一位德国人布勒泰制作成总重量为36.5 kg的世界上第一块感应式电能表。

由于感应式电能表结构简单、安全、价廉、耐用，同时又便于批量生产和维修，所以在过去的100多年里，感应式电能表得到了快速发展，并在交流电能计量领域占据了极其重要的位置。

感应式电能表利用光电传感器完成电能—脉冲转换，再由电子电路对脉冲处理以完成电能测量，从而形成了感应式脉冲电能表。

随着近代微电子技术、通信技术和信号处理技术的发展，20世纪60年代末，日本衫山桌先生发明的时分割乘法器及日本横河株式会社生产的2885型数字功率变换器，实现了全电子化电能计量装置，20世纪80年代出现了全部使用电子元器件的交流电能表——电子式电能表（也称为静止式电能表）。在这个原理基础上，我国研制出单相和三相电子式数字功率电能标准表。

20世纪末，针对电能表要实现多功能、高精度及便于自动抄表、具有先进通信接口等诸多功能扩展的需要，出现了电子式多功能电能表。

各种类型电能表功能特点

感应式电能表	电子式交流电能表
（1）利用三磁通电磁感应原理使圆盘转动。以机械计数器显示方式累加记录电量	（1）以微电子电路为基础，完成电能计量的计算功能
（2）功能单一，具有有功或无功电能计量功能	（2）功能较多，可实施多时段、多费率、预付费电能计量
（3）频率范围窄，非线性负载计量误差大	（3）频率范围宽。负载误差曲线平坦
（4）结构简单、安全、准确度不高	（4）适应于模块化制造工艺，准确度较高
（5）负载电流范围小，过载能力低	（5）负载电流范围宽。过载能力达8倍以上
（6）安装垂直度要求高。电能表倾斜度应≤3	（6）安装垂直度要求不高
	（7）具备通信功能，便于抄表及通信

（续表）

电子式多功能电能表	智能电表
（1）采用专用计量芯片，完成电能计量的计算功能 （2）能计量正反向有功、无功电能、四象限无功电能，可设置费率 （3）最大需量测量功能 （4）事件记录功能 （5）清零、电量冻结功能 （6）负荷记录功能 （7）瞬时电气参量测量功能	（1）具有多功能表所有特性 （2）灵敏度高 （3）双向计量 （4）双向通信，实时数据交互 （5）支持浮动电价计费，如阶梯电价、分时电价、峰谷电价 （6）远程断供电 （7）电能质量监测 （8）水气热表抄读

"脱胎换骨"的智能电表

2009年，我国国家电网公司提出智能电能表的概念，新型智能电表具有电能计量、信息存储以及处理、实时监测、自动控制、信息交换等功能。2015年6月起，国家电网开始全面推行智能电表双模通信技术。

智能电表具有自动抄表、电量记忆、计量精准远程信息传输等优点。用户通过智能电表可对用电的各项信息进行查询、规划用电时间，避免造成一定的经济损失。智能电表以CPU和网络通信技术为核心，具有自动计量、数据处理、双向通信和功能扩展等能力，能够实现双向计量、双向通信、实时数据交互、支持浮动电价计费、远程断供电、电能质量监测、水气热表抄读、与用户互动等功能。当系统处于紧急状态或需求侧响应并得到用户许可时，智能电表可以执行电力公司对用户户内电器的负荷调节控制命令。

以智能电表为基础构建的智能计量系统，能够支持满足智能电网对负荷管理、分布式电源接入、能源效率、电网调度、电力市场交易和减少排放等方面的测量要求。

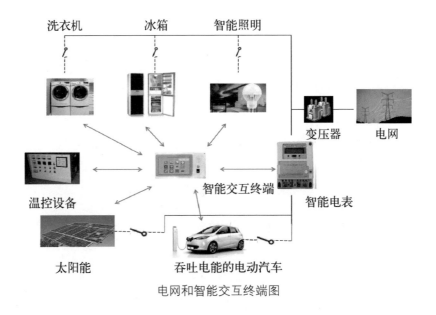

电网和智能交互终端图

小贴士

智能电表发展

2008 年，美国科罗拉多州的波尔得（Boulder）已经成为全美第一个智能电网城市，每户家庭都安装了智能电表，人们可以很直观地了解当时的电价，从而把一些事情，比如洗衣服、熨衣服等安排在电价低的时间段。电表还可以帮助人们优先使用风电和太阳能等清洁能源。同时，变电站可以收集到每家每户的用电情况。一旦有问题出现，可以重新配备电力。

丹麦电力公司与日本松下和松下电工于 2009 年 12 月 1 日共同启动了一项旨在实现智能电网的实证实验。通过使用智能电能表，可实现用电量"可视化"及住宅内照明设备远距离控制等的家庭能源管理系统（HEMS）。

日本开始投资构建第二代智能电网（SmartGrid），目标除在所有家庭安装智能电能表（SmartMeter）外，还计划加强送变电设施及蓄电装置建设。2010 年起，东京电力主要面向家庭安装2 000 万部智能电能表。预计 2020 年前，日本智能电能表需求量约5 000万部，每部成本近2万日元，共需投资1万亿日元。

根据英国政府披露的计划，到2020年，每个英国家庭都必须安装"智能电能表"以降低能源耗用量，并为低碳"智能电网"铺平道路。

智能电表的功能特点

1. 灵敏度高，可记录微小电流

安装新表后有些居民发觉用电量变多了，这是因为很多待机空耗电流这样的细小电流都被记录，聚少成多，成年累月地下来用电量自然变大了。由此，智能电表将能促进居民养成节约用电的习惯。

2. 双向计量

智能电表对于具有储能设备、发电设备等分布式的用电大户，可以结合实时电价引导此类用户经济、合理地购买电量和分配发电量，尽量使得用户的用电费用保持在一个比较优化的状态。

智能电表的双向计量功能鼓励每个家庭都尽量安装风能、太阳能等清洁环保的发电储能设备；鼓励人们投资低碳节约的经济类设备（如储冷、储热和储电），减轻电网电量的压力。

实践证明，通过智能电表的双向计量功能，向用户即时地反馈用电情况，可以有效减少一个家庭每年13%～15%的用电量，将大幅提高环境效益和社会效益水平。

3. 双向通信

智能电表里内置的通信模块有双向通信的功能，通过数据中心与通信网络来实现信息的双向交流。电力网络的管理人员可利用智能电表终端将电价信息和用户的用电信息传达给用户，用户便可以及时了解自身的用电情况，提前获知实时电价等信息，做好相应准备，设计好自己的用电方案，在节约电费的同时减少电网的高峰负荷。另外，为了保证电力系统的安全和稳定，智能电表还可对用户不规范用电行为进行提醒，使其改变用电方式。

4. 支持浮动电价

相对于传统电表，智能电表是一种可编程电表。除了高精度的电能计量，还能够测量、存储多种数据，如随时保存带有时标的电能信息，根据事先设定的时间间隔来对各类电参量和电能数据进行测量和储存。

因此，电网调度中心可利用智能电表提前发布次日的分时电价信息，用户可据此制定自己的用电、售电方案并通过智能电表反馈给电网调度中心，电网调度中心结合智能电表采集到的水、气、热能耗数据以及家庭分布式能源预计售电量，安排好次日的电力调度计划，如发电机组的启停数量及有功出力。

小贴士

双向计费，一表解决

智能电表不仅能计算用了多少电，与传统电表相比，它变传统的单向计量为双向计量，使得电力公司与家庭用户可以实现角色转换双向互动，用户也可以向电网供电。最经典的应用案例莫过于上海电力学院太阳能研究所所长赵春江教授建成的中国第一个"家庭电厂"。该系统包括在家中屋顶上安装的22块光伏组件，以及逆变器、温度仪、辐射仪、数据采集器、数据传感器等

赵春江教授家的家庭电厂

设备。该系统与2006年12月15日凌晨零时正式开始运行，并且送入电网。

第一个"家庭电站"备受业界关注，清洁、环保的家庭光伏发电方式好评如潮。可是赵春江教授却有苦说不出，限于传统

电表的单向性，他不仅免费输电给国家电网，而且还要为免费输出的"绿电"买单。出于环保和节约成本考虑，赵春江教授家的小型发电站并没有安装蓄电池，因此家庭电厂所发的电除了自用之外要并入电网，而传统的电表只有输出功能没有输入功能，只要电表转动就开始计费，所以当家庭电厂开始向国家电网输电时，那只老旧的电表就开始计费了。

2011年4月，在上海市发改委和电力部门的共同努力下，适用于家庭使用的双向电表代替了传统电表，赵春江教授终于不用再为自家所发的"绿电"买单了。

统计数据，双向智能电表分两组数据统计，一组统计白天太阳能光伏发电并网的电量，一组统计夜间使用向国家电网购买的电量，这两组数据以正向和反向进行标注区分，到每月月底相互抵消，得出结余。

这个案例里，电表的改变带来的不仅仅是电费变化的多少，还有电网与用户的角色互换带来的影响。电网不是单一售电，用户也不再是只用电，两者角色互换带来了电网和用户的互动，带来了能源利用观念的革新。

电网调度中心根据用户的用电、售电信息不断更新分时电价信息，从而最大限度地挖掘用户在用电高峰时期的移峰潜力，将部分高峰期的负荷中断或转移到其他时段，实现削峰填谷，这样"电力大白"与用户的良好互动中，"电力大白"将经济稳定运行，用户也收获了经济、实惠的电价。正如图所示，夜晚低价谷电时，用户启用洗衣机、烘干机等高耗能家电产品，获得价格优惠。

智能电表支持实时电价、峰谷电价、阶梯电价、分时电价等不同电价方案，以满足国家电网的不同需求和用户的用电方案的经济考量。

除了以上功能以外，当突然发生断电情况时，智能电表可以自动发出断电警报，供电恢复后可以进行供电恢复确认工作；用

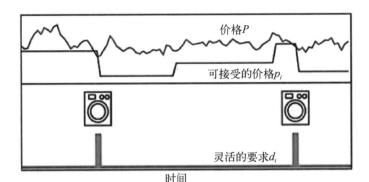

夜晚谷电的妙用

户通过智能电表查询各个时间段的用电量，计算出每种电器的耗电量，从而可以针对每种电器的实际用电量采取相应的省电方法，同时，可以进行电能质量监控工作。

智能电表的"明天"

　　未来的智能家庭中不仅可以采用太阳能光伏发电、风机等可再生能源发电，亦可引入热电联供系统，直接使用热能来加热洗澡水等需要热量的用品，能源在转化过程中都会损耗，若是热能转化成电能后再转化成热能使用会造成不必要的损失和浪费，不如直接由热能转化成热能，这将大大提高能源利用效率。当家庭和企业都安装自己的可再生能源时，小规模低碳源产电技术与电网相结合，将帮助消费者成为"电网的主动参与者"，而非置身局外。

　　智能电表是智能家居的"大脑"，一方面记录用户每天、每时段的用电情况及习惯，另一方面对比实时电价，两相结合可以提供最优化的用电方案，管住家中"电耗子"，与电网公司实时互动。而你坐在办公室遥控家里电器将不是科幻片场景，坐在办公室里点点鼠标，家里洗衣机就开始洗衣，电饭煲开始做饭，空调提前开启让你进屋就凉快……这些在不远的将来就可以实现。

　　当智能电表发挥智能交互终端的作用时，一方面，智能电表记录分析智能家电的用电时间、用电量、待机电量等数据，在它们不需要使用的时候自动切断电源，你可以通过电脑、手机 APP 等兼容设备远程快速查询家庭电力消耗情况。此外，智能电表会记录分析家庭太阳能光伏发电系统、蓄电池、热电联供等家庭发电能源的发电时间、发电量等数据，结合家庭用电和发电情况、电网公司的实时电价以及电价预测情况给出最优化的家庭用电方案和输电方案。通过用户侧能源的自动管理，一个家庭作为电网的一分子它可在较短时间内实现自身能源平衡，并且设备所需的安装和运行成本，与减少的照明和供暖等费用、出售剩余电量所得收入和财政补贴等总盈利相抵消。

另一方面，用户侧的用能信息、售电信息会发送给电网公司，用户的需求完全是电网公司另一种可管理的资源，它将有助于平衡供求关系，确保电网系统运行的可靠性；电网公司集合用户侧的电力信息、来自发电厂的电力信息、输电网的信息综合考量，计算出最安全可靠又经济的电力方案，实现削峰填谷、节能减排。

承担智能交互终端功能的智能电表凭借人机交互界面，利用有线或无线通信技术，对智能家电进行集中管理和控制，使得家庭用电经济高效、家庭环境舒适安全，完成智能家居交互式管理。

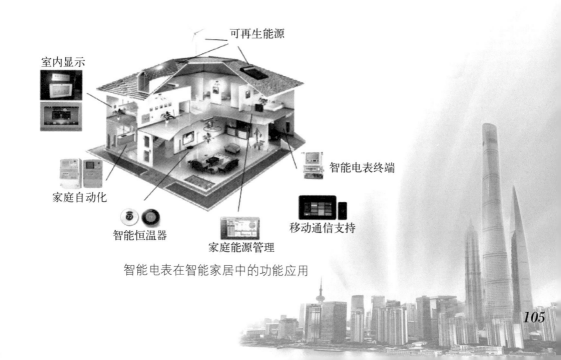

智能电表在智能家居中的功能应用

"安全可靠"的智能电网通信技术

智能电网通信系统是"电力大白"神经网络的信息流系统，它体内的各节点动态、实时变化的电能数据信息都可以通过智能电网通信技术互通，完成实时信息及电能的交换互动。"电力大白"通过采用高速、双向、实时、集成的通信技术，来保证经济、安全地发供电及合理地分配电能。

通信在智能电网中极其重要
（图片来源：网络）

因此，"电力大白"不仅能够监测、诊断自身电能质量，预料并应对故障，实现自我修复，而且可以实现与用户的双向互动，并可以根据用户的需求和其自身容量，向用户提供不同价格、不同等级的电能质量服务。

小贴士

由于智能电网建设关系到国计民生，关系到国家能源战略，作为支撑智能电网的电力通信专网将实现所有电力系统环节的全覆盖，实现与用户的双向互动。同时，智能电网中电力通信专网建设也是一项关系到国家安全及能源战略的重大基础设施工程。智能电网对电力通信的需求体现在以下几个方面：

（1）智能电网中电力通信平台不仅是通信通道，也是智能电网的一个重要部分，需要与智能电网业务配合统一规划。

（2）电力通信平台是一个开放的网络架构，有通用的通信标准。设备与设备间的信息可互通、互操作。

（3）电力通信网能延伸到发电、送、变电和终端用电设备等电网末端，对智能电网数据获取、保护和控制业务提供技术支撑。

（4）电力通信平台可靠性、保密性强，能抵御黑客或非法攻击。

通信标准与协议

关于电力系统的实时状态、趋势、历史信息和应用等的准确信息对智能电网的运行是必需的，通过具有描述功能的、标准化的通信接口，信息不仅可以被简单利用，还可以实现所需功能的高效跨域应用。所以，通信标准和协议在全世界范围内智能电网的发展中扮演重要角色。

通俗而言，通信协议就是指双方完成通信或服务而必须遵守的规则和约定。通过通信信道和设备互连起来的多个不同地理位置的数据通信系统，要使其能协同工作实现信息交换和资源共享，它们之间必须具有共同的语言。交流什么，怎样交流及何时交流，都必须遵守某种互相都能接受的规则，这个规则就是通信协议。

信息交换通过基于应用的通信协议来实现，且必须满足不同的约束，如相比监视装置，保护装置对实时可信的信息传输有更严格的要求。与之类似，网络安全的要求也可能多种多样，如网络安全对与用户电表交互的装置的要求，要比站点的监视装置的要求更加严格。

从智能电网的角度来看，通信协议标准可以分为两大类：① 智能电网特定的通信标准系统，例如 IEC 61850、IEC 61968-9 以及通信协议，例如 DNP3、IEC 60870-5、IEEEC37.118、ANSIC CI12.19、ANSICI12.18 和 ANSI CI12.22。② 在智能电网中起重要作用但应用范围不局限于此的辅助协议，例如 IEC 62439、IEEE 1588、NTP 和被广泛应用的 Ethernet、IP 和 TCP/UDP。

电力通信在智能电网中的应用

1. 发电领域

在发电领域，智能电网的重要特征就是新能源的接入和消纳。

通信技术应用于发电厂
（图片来源：网络）

清洁能源接入电网后，必然对电网的电能质量、潮流计算、谐波成分等运行特性产生影响，因此必须要通过电力通信技术实现信息的采集和传输，实时传送遥测、遥控、遥调、遥信等信号。

此外，新能源并网后，与电网的协同工作需要电力通信提供支撑作用，新能源电站的继电保护和安全自动装置、调度自动化系统等关键电网安全管理业务必须具备两条相互独立的通信信道，以提高信息传送的安全性，为新能源接入后电网的监测、运行、控制提供高速、稳定、可靠的通信平台。

2. 输电领域

在特高压输电的发展过程中，大量的新设备和新元件投入使用，使得电网的控制特性更加复杂，以电力电子元器件为例，为了提升特高压直流输电的灵活性，大量的晶闸管、无功控制、补偿器等元件投入使用，这些元件的接入使得环境更加复杂多变，并对电网通信环境提出了更高的要求。

高速发展的计算机和网络通信技术成为电网发展的关键技术，通过建立双向、实时、高速的通信系统，为智能电网发展提供了更为广阔的发展空间。

3. 变电领域

在变电领域，智能化变电站是数字化变电站的发展和升级。智能化变电站具备数字化变电站的三个关键特征，即数字化一次设备、数字化二次设备和统一的通信平台。可以通过信息和通信技术实现

通信技术应用于输电
（图片来源：网络）

对变电站的电气设备状态分析、电网调度管理、电能质量控制、精细用电管理等。

在智能变电站中，不仅所有的一次设备和二次设备之间的信息交互都通过通信网络来完成，统一的通信平台解决了电力设备间通信规约不一致、设备兼容性差等问题，实现了设备间统一的信息模型和通信接口，提高了设备的互操作性。还可以实现一、二次设备的一体化、智能化整合和集成。同时从满足智能电网

变电站
（图片来源：网络）

运行要求出发，建立全网统一的标准化信息平台。关注变电站之间、变电站与调度中心之间的信息的统一与功能的层次化。

4. 配电领域

智能配电网发展对通信技术的可靠性、可扩展性等都有着较高要求，由于配电网运行环境较为恶劣，运行设备和通信信道相对老旧，且电力通信网的组网方案相对缺乏，还通常面对规划不统一、信道不稳定、标准不规范等问题，因此通信环节已经成为智能配电网发展的瓶颈。

配电所的配电
（图片来源：网络）

目前采取多种通信技术相结合的方式来实现智能配电网的通信环节，并通过光纤传输来传输配电网关键数据，并结合载波通信实现调度电话、远动信息、配电自动化、调度继电保护信息等。

5. 用电领域

通信技术在用电环节的使用主要体现为智能用电信息采集和智能小区用电等。其中智能用电采集系统需要使用智能电表完成对用电信息的实时采集与更新，为阶梯电价制定、营销策略选择提供支撑。智能小区则通过通信技术实现电力用户与电网的双向互动。

"高效协调"的电力需求侧管理

电力需求侧管理的价值

1. 电力需求侧管理的起源

经历了 20 世纪 70 年代出现的两次石油能源危机，加之环境污染日益严重，促使西方国家把合理有效地利用能源资源放在首要地位，并着手研究更合适的资源配置方法和管理模式。在此背景下，20世纪70年代，美国在全国节能法案中正式提出"需求侧管理"理念。在电力行业中，需求侧即指电力的用户侧，包括工业、商业、居民、公共机构等。电力需求侧管理（DSM）是指在政府法规和政策的支持下，采取有效的激励和引导措施以及适宜的运作方式，通过发电公司、电网公司、能源服务公司、社会中介组织、产品供应商、电力用户等共同协力，提高终端用电效率和改变用电方式，在满足同样用能的同时，减少电量消耗和电力需求，达到节约资源和保护环境的目的，实现社会效益最好、各方受益、最低成本能源服务所进行的管理活动。从90年代开始，我国逐步引入了这项新的管理技术。

小贴士

两次石油能源危机

1973年10月6日，第4次中东战争爆发，17日，阿拉伯石油输出国组织部长会议发表公告宣布，该组织成员国决定立即把对美国等支持以色列进行侵略的国家的石油供应逐月递减5%。接着，阿拉伯联合酋长国、利比亚、阿尔及利亚、沙特阿拉伯和科威特等国决定完全停止向美国输出石油，第一次石油危机爆发。石油禁运导致原油供应不足，油价从每桶3美元猛涨至12美元，使西方工业发达国家的经济受到很大冲击。1974年3月18日，阿拉伯产油国正式解除对美国的石油禁运；7月10日宣布结束对荷兰的石油禁运。

1978年秋，石油出口量占当时世界第二位的伊朗国内政局动荡，国际市场石油供应再度出现紧张。1979年初，伊朗采取抑制原油生产的政策，其他阿拉伯产油国也相继采取行动，与此同时，大幅度提高油价。1980年秋，世界市场原油价格从每桶13美元猛涨到34美元。这就是人们所说的第二次石油危机。

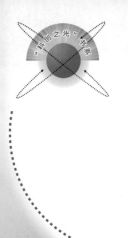

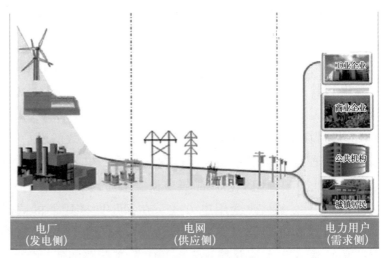

电厂	电网	电力用户
（发电侧）	（供应侧）	（需求侧）

电力需求侧管理

2. 电力需求侧管理的效果

电力需求侧管理主要通过采取合适措施来对电力和电量进行供需平衡调节，表现为：一方面采取措施降低电网峰荷时段的电力需求，或增加电网低谷时段的电力需求，以较少的新增装机容量达到系统的电力供需平衡；另一方面，采取措施节省或增加电力系统的发电量，在提供同样能源服务的同时，节约社会总资源的耗费。

需求侧管理的示意图

从经济学的角度看，DSM 的目标就是将有限的电力资源最有效地加以利用，使社会效益最大化。

对电力企业而言，从需求侧管理中可以收获多重效益：

（1）避免对成本昂贵的峰荷发电机组的调度。

（2）可以降低电网的发、输、变、配各环节对设备容量冗余度的要求，从而减少电网基础设备设施的投资。

（3）可以通过利用更高效的发电机组来消减碳足迹。

（4）提高系统可靠性。

（5）可以通过减少发电成本高时段的电能利用来节约成本。

（6）为支持可再生能源（如风电和太阳能发电）提供额外的手段。

小贴士

电力需求侧响应典型案例

案例一：

需求侧响应如何将德克萨斯电网从大停电中挽救过来？

2008 年 2 月 26 日，由于超出预期的严寒天气，以及大容量风电（1.4 GW）脱网，而其他发电机组也无法满发，导致德克萨斯电网承受的用电缺口急剧上升（高达 4.4 GW）。突如其来的事故导致系统频率骤降，进而激活了电网应急自动装置和流程。由于系统侧发电容量存在巨大缺口，美国德州电力可靠性委员会（ERCOT）转而求助于该州内部署的需求侧响应系统（又称为需求侧可调度复合系统），以帮助电力系统消除供用电间的缺口。这些负荷中包括一些大容量的工业用户和商业用户，他们之前已经签署过协议，同意在电网紧急状态下可以通过削减其负荷来维持电网运行，而电网需要为这种贡献支付费用。调度这些负荷的成本远远低于调度那些峰荷发电机组（常为燃气机组）的成本，后者可能比前者高一个数量级以上。需求侧响应系统在 10 min 时间内调度了 1.1 GW 的负荷，帮助电力系统避免了大停电的发生。

绝大多数被停电的负荷在一个半小时内都恢复了供电。

案例二：

美国西北太平洋国家实验室（PNNL）节省了奥林匹克半岛电力企业和消费者的开销。

2004 年，美国 PNNL 与邦纳维尔电力局合作启动了奥林匹克半岛电网智能化示范项目，为超过 100 户居民安装了先进的智能电表，可通过这些智能电表向用户发布实时信息；并将这些户居民家中的恒温装置、热水器和干燥器等电气改造成可对电网实时信息做出响应。该示范项目中开发的软件可以使用户能够对其家用电器进行定制，可以选择更加舒适还是更加经济，分为若干等级，并可基于每 5 min 发布一次的动态电价信息自动对家用电器的用电等级进行优化。这一需求侧响应示范项目平均为每户居民节约了 10% 的电费。

该项目同样也为电力企业带来了效益，因为它有助于消除供电高峰期的输电阻塞，从而避免修建额外的输电线路。该示范项目成功地帮助邦纳维尔电力局将修建额外输电项目的投资至少推迟了三年。"电网智能化"这一名称已经表明了用户完全可以采用智能化技术更加经济可靠地改变他们的用电习惯，电力企业也可减少对峰荷发电机组和额外发电容量建设的依赖。

电力需求侧管理与大数据

用户作为智能化用电的行为主体，在智能电网需求响应中起着至关重要的作用。对电网用户侧实时数据进行采集、传输和存储，并结合累积的海量多源历史数据进行快速分析能够有效地改善需求侧管理，对用户侧数据进行管理与处理支撑着智能电网安全、坚强可靠运行。

随着各类传感器和智能设备数量的不断增加，设备中进行获取与传输的各类数据也在发生着指数级的增长，这些数据不仅包括智能电表收集的用电量，还包括各类传感器按照固定频率采集

用户侧大数据
（图片来源：网络）

的温度、天气、湿度、地理信息和风速信息等。随着用户侧数据复杂程度增大，数据存储规模将从目前的 GB（10^9 字节）级增长到 TB（10^{12} 字节）级，甚至 PB（10^{15} 字节）级，逐步构成了用户侧大数据。

1. 用户用电状态数据采集

需求侧管理需要电力供应机构精确得知用户的用电规律，从而将需求和供应调节至更好的平衡状态。由智能电表以及连接它们的通信系统组成的先进计量系统，实现对远程监测、分时电价和用户侧管理等的更快、更准确的系统响应。

2010 年 11 月，国家发改委、电监会、能源局等六部委联合印发《电力需求侧管理办法》，意味着国家电网公司"全覆盖、全采集"的要求将推广到全国电网，从而打开了用电信息采集系统的市场容量空间。

用电信息采集系统通过对配电变压器和终端用户的用电数据的采集和分析，实现用电监控、推行阶梯定价、负荷管理、线损分析，最终达到自动抄表、错峰用电、用电检查（防窃电）、负荷预测和节约用电成本等目的，为企业经营管理各环节的分析、决策提供支撑，为实现智能双向互动服务提供信息基础。

2. 用户电力负荷预测

负荷预测是随着系统辨识和现代控制理论等学科的发展应运而生的，即指在正确的理论指导下，在调查研究掌握大量翔实历史资料的基础上，运用可靠的方法和手段对电力负荷的发展趋势做出科学合理的推断。

准确的负荷预测可以保证电网运行的经济、安全、稳定性，减少不必要的发电机旋转备用容量，合理安排机组检修计划；同时也是制定新建、扩建电厂，制定发电计划、合理安排电网内部发电机启停等的重要依据。

负荷预测依据不同的标准有不同的划分形式。现行多为按预测期限划分，可分为长期负荷预测（一般 10 年以上）、中期负荷预测（一般 5 年左右）、短期负荷预测（一般 1 天到一年）和超短期负荷预测（一般 1 小时以内）。

不同预测期限具有不同的预测方法，而这些方法都需要具有一定的数据基础，数据越是详尽，则最终预测结果越是准确。因此，需求侧大数据系统的建立为用户电力负荷的预测分析提供了有力的基础支撑。

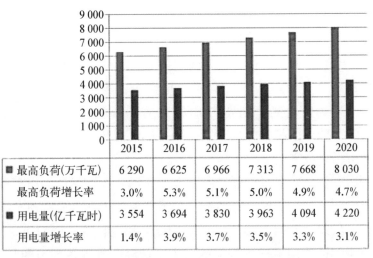

	2015	2016	2017	2018	2019	2020
最高负荷(万千瓦)	6 290	6 625	6 966	7 313	7 668	8 030
最高负荷增长率	3.0%	5.3%	5.1%	5.0%	4.9%	4.7%
用电量(亿千瓦时)	3 554	3 694	3 830	3 963	4 094	4 220
用电量增长率	1.4%	3.9%	3.7%	3.5%	3.3%	3.1%

浙江省"十三五"电力需求预测（推荐方案）

电力需求侧管理的主要内容

电力需求侧管理的主要内容可概括为以下几个方面：

1.提高能效

通过一系列措施鼓励用户使用高效用电设备替代低效用电设备，以及改变用电习惯，在获得同样用电效果的情况下减少电力需求和电量消耗。

2.负荷管理

负荷管理又可称为负荷整形。通过技术和经济措施激励用户调整其负荷曲线形状，有效地降低电力峰荷需求或增加电力低谷需求，平抑电力系统的供电负荷曲线，从而降低电力基础设施投资、提高供电企业的生产效益和供电可靠性。

3.能源替代及余能回收

在成本效益分析的基础上，如果用户的设备采取其他的能源形式比使用电能效益更好，则会更换或新购其他形式的能源设备，这样减少使用的电力和电能也是需求侧管理的重要内容。

用户通过余能回收来发电，同样可以减少从电力系统取用的电力和电量。

4.分布式电源

用户出于可靠、经济和因地制宜考虑，装有各种自备电源，如电池储能逆变不间断电源（UPS）、柴油发电机、太阳能发电系统、风力发电、联合循环发电、自备热电站等。将用户自备电源直接或间接纳入电力系统进行统一调度，也可达到减少系统的电力和电量的目的。

5.新用电服务项目

主要是指电力公司为提高能源利用效率而开展的一些宣传、咨询活动，如能源审计、节电咨询、宣传、教育等。

根据不同地区的特点，需求侧管理的工作重点不同。在新建电厂造价昂贵、峰期供电紧张、负荷峰谷差较大的地区，通常把

调节峰荷时段电力置于首要地位；而在发电燃料比较昂贵、环境约束比较苛刻的地区，则更重视总体电量的节约。

电力需求侧管理的调节手段

为了完成综合资源规划，实施需求侧管理，必须采取多种手段。这些手段以先进的技术设备为基础，以经济效益为中心，以法制为保障，以政策为先导，采用市场经济运作方式。其调节手段主要有：技术手段、经济手段、行政手段和引导手段。

1. 技术手段

技术手段主要通过采用先进的节电技术和管理技术，并应用与之相适应的高效节能设备，来提高终端用电效率或改变用电负荷特性，从而减少电能消耗。常见的技术手段包括：无功补偿技术、电动机变频调速技术、蓄冷蓄热技术、余热余压发电技术等。

技术手段主要分为两类：一类是直接采用节能技术和高效设备来降低电量消耗；另一类是通过负荷管理等方式改变用户的用电方式，间接达到削峰填谷、稳定电网、节约电力的效果。

（1）提高用电效率的节电技术与高效设备

提高用电效率是指在提供相同能源服务的情况下，应用先进的节电技术，并使用具有较高用电效率的设备，来减少用户的电量消耗。

为了提高用电效率，常用的技术和设备有：

在照明方面，可采用高效节能灯，用高效反射灯罩替代普通反射灯罩，采用声控、时控等智能化节能开关以及应用钥匙开关控制照明等。

在电动机方面，可选用高导电、高导磁性能的高效电机替代普通电动机，既可以降低空载率，还能提高运行的平均负载率，另外，还能应用各种调速技术来实现电动机节电运行。

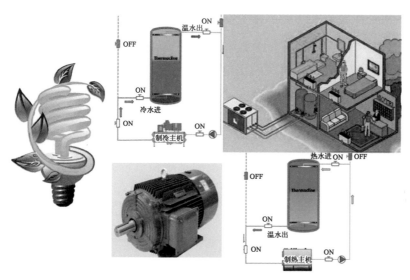

常用的节电技术和高效设备

在空调方面，研发蓄冷、蓄热式空调产品，应用智能控制的高效空调器进行节约用电，利用溴化锂吸收式制冷节电，采用热泵加热方式的取暖空调等。

（2）负荷整形技术

改变电力用户的用电方式是通过负荷管理技术来实现的，负荷管理技术即负荷整形技术。负荷管理技术根据电力系统的负荷特性，通过以某种方式削减、转移电网负荷高峰期的用电或增加电网负荷低谷期的用电，以改变电力需求在时序上的分布，减少日或季节性的电网峰荷，以期提高系统运行的可靠性和经济性。负荷整形技术主要有削峰、填谷和移峰填谷三种。

① 削峰。削峰的控制手段主要有两个：一个是直接负荷控制，另一个是可中断负荷控制。

A. 直接负荷控制

直接负荷控制是指在电网峰荷时段，系统调度人员通过远动或自控装置随时控制用户终端用电的一种方法。

由于直接负荷控制是随机控制，常常冲击生产秩序和生活节奏，大大降低了用户峰期用电的可靠性，大多数用户不易接受，

尤其是那些可靠性要求很高的用户和设备，负荷的突然甩减和停止供电有时会酿成重大事故和带来很大经济损失。因此，直接负荷控制多用于城乡居民的用电控制，对于其他用户以停电损失最小为原则进行排序控制。

B. 可中断负荷控制

可中断负荷控制是指根据供需双方事先的合同约定，在电网峰荷时段系统调度人员向用户发出请求信号，经用户响应后中断部分供电的一种方法。

可中断负荷控制特别适合可以放宽对供电可靠性苛刻要求的"塑性负荷"，主要应用于工业、商业、服务业等，如有工序产品或最终产品存储能力的用户，可通过工序调整改变作业程序来实现躲峰；有能量储存能力的用户，可利用储存的能量调节进行躲峰；有燃气供应的用户，可以燃气替代电力躲避电网尖峰；用电可靠性要求不高的用户，可通过减少或停止部分用电躲开电网尖峰，等等。

由此可知，可中断负荷控制是一种有一定准备的停电控制，由于这种电价偏低或给予中断补偿，因此有些用户愿意以较少的电费开支降低有限的用电可靠程度。

可中断负荷控制的削峰能力和终端效益，取决于用户负荷的可中断程度和这种补偿是否不低于用户为躲峰所支出的费用。

削峰控制不但可以降低电网峰荷，还可以降低用户变压器的装置容量。

② 填谷。填谷即在电网低谷时段增加用户的电力电量需求，有利于启动系统空闲的发电容量，并使电网负荷趋于平稳，提高系统运行的经济性。

由于填谷增加了销售电量，减少了单位电量的固定成本，进一步降低了平均发电成本，使电力公司增加了销售收入，尤其适用于电网负荷峰谷差大、低负荷调节能力差、压电困难，或新增电量长期边际成本低于平均电价的电力系统。比较常用的填谷技术措施有以下几个：

A. 增加季节性用户负荷

在电网年负荷低谷时期，增加季节性用户负荷；在丰水期，鼓励用户多用水电。

B. 增添低谷用电设备

在夏季尖峰的电网可适当增加冬季用电设备，在冬季尖峰的电网可适当增加夏季用电设备。

在日负荷低谷时段，投入电气锅炉或蓄热装置采用电气保温；在冬季后夜，可投入电暖气或电气采暖空调等进行填谷。

C. 增加蓄能用电

在电网日负荷低谷时段，投入电气蓄能装置进行填谷，如电气蓄热器、电动汽车蓄电瓶和各种可随机安排的充电装置等。

填谷不但对电力公司有益，用户利用廉价的谷期电量也可以减少电费开支。填谷的重点对象是工业、服务业和农业等部门。

③ 移峰填谷。移峰填谷是将电网高峰负荷的用电需求推移到低谷负荷时段，同时起到削峰和填谷的双重作用。通过移峰填谷既可减少新增装机容量、充分利用闲置容量，又可平稳系统负荷、降低发电煤耗。

移峰填谷一方面增加了谷期用电量，从而增加了电力公司的销售电量；另一方面减少了峰期用电量，却也减少了电力公司的销售电量。电力系统的销售收入取决于增加的谷电收入和降低的运行费用对减少峰电收入的抵偿程度。在电力严重短缺、峰谷差距大、负荷调节能力有限的电力系统，一直把移峰填谷作为改善电网经营管理的一项主要任务。对于拟建电厂，移峰填谷可以减少新增装机容量和电力建设投资。

上述这些技术手段会随着时间的推移和需求侧管理的发展而丰富起来。不论采用哪些手段，都要因时、因地、因不同国情而决定。

2. 经济手段

电力需求侧管理的经济手段是指通过各种电价、直接经济激励和需求侧竞价等措施刺激和鼓励用户改变消费行为和用电方式，

安装并使用高效设备，减少电量消耗和电力需求的有效手段。

电价是由供应侧制定的，属于控制性经济手段，用户被动响应；直接经济激励和需求侧竞价属于激励性经济手段，需求侧竞价加入了竞争，用户主动响应。积极利用这些措施的用户在为社会作出增益贡献的同时，也降低了自己的生产成本，甚至获得了一些效益。

（1）各种电价结构

电价是影响面大和敏感性强的一种很有效而且便于操作的经济激励手段，但它的制定程序比较复杂，调整难度较大。制定一个适合市场机制的合理的电价制度，应使它既能激发电网公司实施需求侧管理的积极性，又能激励用户主动参与需求侧管理活动。

国内外实施通行的电价结构有容量电价、峰谷电价、分时电价、季节性电价、可中断负荷电价等。

（2）直接激励措施

① 折让鼓励

折让鼓励给予购置特定高效节电产品的用户、推销商或生产商适当比例的折让，注重发挥推销商参与节电活动的特殊作用，以吸引更多的用户参与需求侧管理活动，并促使制造厂家推出更好的新型节电产品。

② 借贷优惠鼓励

借贷优惠鼓励是非常通行的一个市场工具，它是向购置高效节电设备的用户，尤其是初始投资较高的那些用户提供低息或零息贷款，以减少它们参加需求侧管理项目时，在资金短缺方面存在的障碍。

③ 节电设备租赁鼓励

节电设备租赁鼓励是把节电设备租借给用户，以节电效益逐步偿还租金的办法来鼓励用户节电。

④ 节电奖励

节电奖励是对第二、三产业用户提出准备实施或已经实施，且行之有效的优秀节电方案给予"用户节电奖励",借以树立节电榜样以激发更多用户提高效率的热情。节电奖励是在对多个节电竞选方案,进行可行性和实施效果的审计和评估后确定的。

（3）需求侧竞价

需求侧竞价是在电力市场环境下出现的一种竞争性更强的激励性措施。

用户采取措施获得的可减电力和电量在电力交易所采用招标、拍卖、期货等市场交易手段卖出"负瓦数",获得一定的经济回报,并保证了电力市场运营的高效性和电力系统运行的稳定性。

3. 行政手段

需求侧管理的行政手段是指政府及其有关职能部门,通过法律、标准、政策、制度等规范电力消费和市场行为,推动节能增效、避免浪费、保护环境的管理活动。

政府运用行政手段进行宏观调控,保障市场健康运转,具有权威性、指导性和强制性。如将综合资源规划和需求侧管理纳入国家能源战略,出台行政法规、制订经济政策,推行能效标准标识及合同能源管理、清洁发展机制,激励、扶持节能技术、建立有效的能效管理组织体系等均是有效的行政手段。其中,调整企业作息时间和休息日是一种简单有效的调节用电高峰的办法,应在不牺牲人们生活舒适度的情况下谨慎、优化地使用这一手段。

4. 引导手段

在市场经济中,推行任何新产品、新技术等都离不开引导手段,因为决策者是人,需求侧管理技术也不例外。众多用电户在接受新型节电产品或节电技术时,往往存在着认识、技术、经济等方面的心理障碍,电力企业及有关行政机构必须通过诸多引导手段,使用户正确认识、消除顾虑、产生购买欲望。

主要的引导手段有:节能知识宣传、信息发布、研讨交流、免费能源审计、技术推广示范、政府示范、新旧对比等。

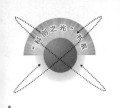

节能环保宣传图
（图片来源：网络）

　　主要的引导方式有两种：一种是利用各种媒介把信息传递给用户，如电视、广播、报刊等；另一种是与用户直接接触，提供各种能源服务，如培训、研讨、讲座等。

　　经验证明，引导手段的时效长、成本低、活力强，是需求侧管理技术不可缺少的手段，引导手段的关键是选准引导方向和建立起引导信誉。

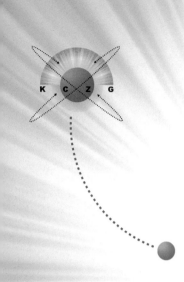

智能电网未来
——智慧互联物联

"电力大白"拥有众多的能力完全超越了传统电力，让更多的人越来越有信心相信这样的电力世界安全可靠。

高效节俭的分布式能源，实现分布式能源与集中供能系统协调发展，满足城市能源多元化的发展需求。自产电的建筑虚拟电厂提高了传统能源的利用效率，降低电网运行成本，同时，实现可再生能源安全高效的利用。会掐算的高效输配电的实现解决了电力的大规模、远距离、低损耗传输问题，促进大型水电、煤电、核电、可再生能源基地的集约化开发，实现能源资源优化配置；增强配电网自愈能力，提升抵御外力和自然灾害的能力，提高安全性。稍纵即逝的储能技术将推进智能电网体系的完善。"吞吐"电能的新能源汽车开发提高既有电网利用率，增加容纳能力，最大限度降低充电负荷对电网的负面影响。出谋划策的智能电表作为用户和电网友好互动的媒介，一方面保证用户经济安全地使用电能，另一方面，提供网用户数据，支持电网准确预测电力需求、设计供电输电方案，从而保持电网的稳定性、安全性、经济性。通过高速、双向、实时、集成的"安全可靠"的智能电网通信技术，来保证经济、安全地发供电并且合理地分配电能。"高效协调"的电力需求侧管理，通过发电公司、电网公司、电力用户等共同协力，提高终端用电效率和改变用电方式，在满足同样用电功能的同时减少电量消耗和电力需求，达到节约资源和保护环境。

"电力大白"的未来将因为这些能力的强大而更美妙，拥有了"电力大白"的陪伴，我们未来的生活将会出现更多的不可思议，而结合物联网、智慧能源与智慧城市的建设，智能电网让我们的生活更美好。

智能电网与物联网

什么是物联网

可以先来想象一下两个场景。

场景一：如果医生早已建议你必须少喝酒。如果你还是习惯性地拿出酒瓶和酒杯，酒瓶会启动瓶塞控制机制，让你死活打不开瓶塞。并且整个瓶子颜色变成浅黄色，并且有一行黑色警示文字出现在瓶子上，例如："喝酒会损害你的健康！"但倘若你关闭了这种提示，瓶塞也就自动就打开了。

场景二：未来的床也不再仅仅是睡眠的寝具，也将变得更智能化。在你熬夜时，会提醒你早点休息；根据你的睡眠情况，收集你身体的每一个数据，通过云端强大的处理功能，得出你的身体状况，通过电子邮件提醒你注意调养身体，甚至是预约医生；将非常详细地记录你体重变化。在你变重后，会对你进行惩罚，床上自带的闹钟提醒就是："你该减肥了，胖子！"

这两个场景中酒杯和床智能到"开口说话"在目前看来很不可思议，但是利用射频自动识别（RFID）技术是完全能够做到的。其实质就是利用 RFID 标签中存储着规范而具有互用性的信息，通过计算机互联网实现物品（商品）的自动识别和信息的互联与共享，物品（商品）能够彼此进行"交流"，而无需人的干预。因此，可以利用 RFID、无线数据通信等技术，构造一个覆盖世界上万事万物的"Internet of Things"。

物联网就是"物物相连的互联网"，是通信网和互联网的拓展应用和网络延伸，它利用 RFID、无线传感器、全球定位系统、激光扫描器等信息传感设备和智能装置对物理世界进行感知识别，通过网络传输互联，进行计算、处理和知识挖掘，实现人与物、物与物的信息交互和无缝对接，达到对物理世界实时控制、精确管理和科学决策的目的。

物联网和智能电网

在物联网的构想中，通过无线通信网络把 RFID 标签中存储的信息自动采集到中央信息系统，实现物品的识别，通过网络实现信息交换和共享，可以对物品进行"透明"管理。

智能电网现有的调度自动化、调控一体化、用电信息数据采集等系统，其实都是不同形态的物联网应用，智能电网是物联网技术应用的重要领域和对象。物联网作为智能电网的重要支撑技术，可以为智能电网带来多方面价值，可全方位提高智能电网各个环节的信息感知深度和广度，提升电力系统分析、预警、自愈及防范灾害的能力，提升电网安全运行水平，实现"电力流、信息流、业务流"的高度融合，以及电力从生产到消费各环节的精细化管理，达到节能降耗、经济高效的目的。

物联网"渗入"智能电网的各个环节中，被用于信息采集、状态监测、回馈控制等，全方位地提高了智能电网各环节的信息感知深度和广度。因此，你就可以想象到这样的画面：当你出门时，智能居家系统自动开启为"离家模式"，很放心吧？当你回到家时，系统自动开启为"居家模式"，忙碌一天，只想坐在沙发上休息时，窗帘会自动拉上、吊灯、热水器、饮水机等自动打开……

智能电网与物联网的深度融合，将带动智能终端、智能传感器、信息通信设备、电力芯片、软件以及运行维护产业的发展。

已有示范案例

1. 山东烟台长岛"分布式发电及微电网接入控制"工程

山东烟台长岛"分布式发电及微电网接入控制"工程是我国北方第一个岛屿微电网工程，也是继南方浙江舟山以外全国第二个岛屿微电网工程，被授予"国家物联网重大应用示范工程"称号。

该工程基于物联网关键技术在岛内安装了各类传感器 2 229 个，建设了 16 kV 光伏发电系统、0.1 万 kW 柴油发电系统、0.15 万 kW·h 混合储能系统等多种类型的分布式电源，进行了 35 kV 砣矶变电站改造，开发了海岛微电网能量协调优化调度系统，攻克了微电网孤岛系统频率/电压稳定控制、异步风机改造、微电网并网/孤岛平稳切换等一系列技术难题。

2. 博耳"电管家"：开拓电力设备智能化运维托管"云时代"

传统的电力设备维保存在人力成本高、无法对出现问题作出快速反应、对企业耗能情况不清楚等问题，针对上述问题，博耳电力控股有限公司研发"电管家"系统。该系统在企业重点能源节点部署传感器和监控软件，实现关键数据快速采集，设备故障即时报警，诊断处理精准到位，运维人员足不出户即可完成"数字巡检"。依托后台系统挖掘数据、自动建模和智能分析，"电管家"智能生成电力设备"体检病历"，提交能耗研判，帮助企业节能增效。该系统功能丰富，通用性强，已在全国 31 个城市广泛应用。

智能电网与智慧能源

什么是智慧能源

智慧能源是指充分开发人类的智力和能力，通过不断技术创新和制度变革，在能源开发利用、生产消费的全过程和各环节融汇人类独有的智慧，建立和完善符合生态文明和可持续发展要求的能源技术和能源制度体系。简而言之，智慧能源就是指拥有自组织、自检查、自平衡、自优化等智能特征，满足系统安全、清洁低排放和经济效益等要求的能源开发、利用形式。

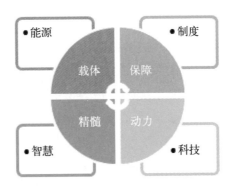

因此，智慧能源将先进信息和通信技术、智能控制和优化技术与现代能源供应、储运、消费技术深度融合，通过多目标优化方法，最大限度地提高能源的利用率及清洁能源的利用率及清洁能源的开发与消费比例。

智能电网与智慧能源

电力是我国能源发展战略布局的重要组成部分。智能电网的功能不再是单一的输配电物理载体功能，而将逐步扩展为促进能源资源化优质配置、引导能源生产和消费布局、保障电力安全稳定运行及电力市场运营等多项功能。智能电网将成为未来我国智慧能源中的资源配置中心，是实现能源互联、能源综合利用的纽带和核心。

因此，可以想象下这样的场景：

当你拖欠电费时，你的门口不会再被贴上一张催缴单，而是收到一条微信提醒："亲，你忘记交电费了哦，请于 × 日 × 时前给通过某某方式充电，让自己电力十足哦！"

当你想把自家屋顶多余的光伏发电通过微信卖给附近准备给电动汽车停车充电的陌生人时，只需在平板电脑上手指轻划。

当你想要根据电价合理规划所用时，可以根据每一个家用电器的使用需求以及能耗曲线，设置最佳的开关时间并随时远程遥控。

未来你的电动汽车、家用电器、屋顶光伏、电脑手机等耗电、耗能设备全部连接成网，你的能源消耗、碳排放指标和生活用能需求等都以数据、数字化坐标的形式被提取存入互联网，人们未来生活中的每一秒用能需求都以数据的形式被存储起来，通过对此大数据的优化分析，在满足你们用能需求的同时，对全球能源进行资源整合、优化分配和调控，提高全球能源利用效率和资源配置水平。

同样，对于工业园区或者企业单位来说，建筑物的能耗可以随时依据人们的活动类型、参与人数和实时电价进行动态调整控制；对于城市来说，城市的整体能源消耗和二氧化碳排放将随时依据天气和事件变化进行需求侧编排以实现最优；对于国家来说，沙漠和大海里安装的各种新能源发电设备将可以通过程序由各国竞拍投资自由交易。

智慧能源是多能源网络的集成，未来能源互联网中的能源供应与输配网络，不仅要考虑电力网络的运行控制，还需要考虑其他能源网路的优化协同，包括各类一次能源的互补协同控制，各类型能源转化，多类型能源网络协同优化运行等相关技术解决方案。智能电网为各类型能量单元提供具有高度兼容性的并网接口，发挥其在智慧能源中的资源配置中心和基础支撑平台作用。

小贴士

智能电网是智慧能源的基础支撑平台和资源配置中心。

电力具有的高效、快速的传输性质，较高的能源转化效率以及在终端能源消费中的便捷性，决定了智能电网将成为未来我国智慧能源中的资源配置中心，是实现能源互联、能源综合利用的纽带和核心。智能电网作为电力系统重要技术支撑已经具备了智慧能源的一些特征，在智能检测、智能表计、自动控制、电力电子、数据处理、信息交互等多个层面为智慧能源的发展提供了一定的技术基础。

首先，智能电网在用户侧的AMI系统要向双向、智能、多能源计量（冷、热、气、水、电）以及多功能方向发展，能够与智慧能源中多能源互联相衔接。一方面，借助于互联网技术、"大数据"与"云计算"技术对AMI系统的通信模块和数据管理模块进行升级，增强其数据吞吐处理能力以及信息实时交互功能。能够对用户各类型能源消费数据和用能相关数据（比如温度、湿度、日照强度等）进行实时收集，能够实现系统运行情况以及市场交易情况的实时信息交互。另一方面，与智能控制终端相互整合。智慧能源中AMI系统应具有通用的数据接口，能够与可再生分布式电源、分布式储能、智能用能设备、移动智能终端进行数据交互，承担用户侧数据管理与控制中枢功能，方便为用户提供涵盖水、热、气、电等多类型能源一体化消费方案，是实现智慧能源中需求侧综合能源管理的重要技术支撑。

其次，在能源供应与输配环节，智能电网通过先进的电力电子、自动控制、交直流柔性输电等技术能够实现电力网络的自动故障检测、隔离与修复，网络的快速重构，能够保证各类分布式电源、分布式储能以及电动汽车的安全接入。智能电网在智能变压器、集中式与分布式可再生能源发电和运行技术、储能技术以及超导技术等方面的技术积累，使其能够为智慧能源中各层级的能量管理系统、能源路由器等关键技术的研发提供一定的技术基础。

智慧能源推动智能电网的外延与发展。智慧能源是一个泛能源体系，其建设将会使得各类型能源供应与输配网络得到整合和延伸，实现各类能源的互联共享，是对现有能源供需结构的颠覆性革命及传统能源行业观念的根本性变革。一方面，智慧能源中一次与二次能源最优转化技术，广义"源—网—荷—储"协调运行技术以及基于互联网技术的能源市场综合运行、综合控制、综合交易以及针对用户的综合能源服务将最大限度地发挥智能电网在"源—网—荷—储"协调控制以及优化资源配置方面的技术潜能，同时也使得智能电网的范围和内涵得到扩展，向着智能综合能源网络的方向发展。另一方面，智慧能源建设过程中，"大众创业、万众创新"互联网思维将为智能电网的建设营造更为开放的环境，依托于智能电网，将会衍生出更多的商业模式和附加价值，从而丰富了建设参与主体，推动智能电网以及智慧能源的发展。

随着智慧能源的快速发展，"电力大白"的能量将拥有更多的来源和多样的补给方式；拥有更强的适应各种生存环境（各种功能环境）的能力；拥有更强大的新能源消纳比例和更高效的能源转换效率。

目前由于各国国情不同，每个"电力大白"都在其各自国家承担着各自的使命，至今仍未谋面。为共享全球能源，实现整个地球的能源优化分配和资源利用以及落实国家"一带一路"政策，2015 年中国国家电网公司提出构建全球能源互联网。

全球能源互联网将以"一带一路"沿线各国能源互联网互通为突破，历经洲内跨国联网、跨洲联网和全球互联 3 个阶段，以到 2050 年建成由跨国跨洲特高压骨干架和各国各电压等级智能电网构成的全球能源互联网。全球能源互联网将连接"一极一道"（北极和赤道附近地区）和各洲大型清洁能源基地，以及各种分布式电源，将全球清洁能源发电输送到各类用户，从而保障更清洁、更高效、更安全、可持续的能源供应。

随着先进智能电网技术和特高压远距离输电技术的不断进步，能源互联网乃至全球能源互联的实现将为"一带一路"沿线各国的能源合作提供有力支撑，而成长后的"电力大白"们也将举行全球家族盛会。

已有示范案例

1. 上海前滩地区冷热电联供分布式能源——商务 CBD
应用于上海世博园区前滩地区商务 CBD。

（图片来源：网络）

项目包括以燃机 / 内燃机和溴化锂机组构成的冷热电三联供子系统、以大型冷冻机或热泵构成的供冷 / 供热子系统、由蓄能水槽构成的蓄能子系统。

2. 上海智城能源站——工业园区

上海智城应用上海世博会的 11 项新能源技术，如系统能效技术、太阳能发电及集热技术、燃气三联供技术、地源热泵技术、智慧能源控制系统等，通过系统能效体系的优化，配合建筑节能技术，园区 35% 的用电以清洁的分布式发电方式供应，可实现 70% 以上的建筑综合节能目标、80% 以上的二氧化碳减排，以及 20% 以上的可再生能源利用率。

3. 上海世博园最佳实践区能源中心——大型展馆

（图片来源：网络）

被称为"世博会城市最佳实践区心脏"的地下能源中心工程的建成为世博会城市最佳实践区及周边展馆提供了充足的能源保障。

4.**"蓝深远望工业物联网能源监控系统"：开启工业节能新空间**

江苏蓝深远望科技股份有限公司，自主研发具有智能感知、智能调度和智能管理功能的"蓝深远望工业物联网能源监控系统"。该系统融合物联网、大数据、智能动力调度技术、能源消耗评估诊断技术，为工业企业提供能源消耗检测报告和节能建议，构建起"监测＋控制"的闭环管控体系，在时间和数据两个维度实现工业节能，开启工业节能新空间。蓝深远望系统在三星SDI无锡工厂投入应用，每年可为企业降低能耗18%，远高于一般节能系统降耗8%～9%的水平。

5.**"华润智能供气系统"：推动天然气管网输配智能化升级**

无锡华润建设的"城市智能供气系统"，运用物联网技术，采集、存储、分析燃气管线中的压力数据。同时升级"华润智能供气系统"，将调压站自我感知、自我判断与人工决策、远程控制相结合，构建起全方位、全天候、全流程的压力监管体系。目前，无锡华润正在制定基于物联网的社区智能供气系统企业标准，在此基础上，形成华润集团社区智能供气系统企业标准，并在全国218个城市推广，将形成300亿元以上产值的市场规模。

6.**"富源能量感知优化系统"：打通太阳能光热利用效率提升通道**

江苏富源智慧能源股份有限公司开发的"能量感知优化系统"，应用物联网技术，提高大型太阳能热泵热水系统的用能效率。该系统运用智能感知，采集数据。通过多种传输方式和MD5加密技术，将能量信息远程发送至数据监测中心，对大型太阳能热泵热水系统进行24小时数字化、全流程监控。通过数据分析，实现即时优化、实时调控和精准节能。与传统太阳能热泵热水系统相比，综合节能效率提高15%～20%，打通了太阳能光热利用效率的提升通道。目前，该系统广泛运用于医疗、建筑等行业，已在无锡、南京、上海等10个城市推广应用。

智能电网与智慧城市

什么是智慧城市

智慧城市就是运用信息和通信技术手段感测、分析、整合城市运行核心系统的各项关键信息，从而对包括民生、环保、公共安全、城市服务、工商业活动在内的各种需求做出智能响应。其实质是利用先进的信息技术，实现城市智慧式管理和运行，进而为城市中的人创造更美好的生活，促进城市的和谐、可持续成长。

智慧城市有广义智慧城市和狭义智慧城市之分。

广义智慧城市是一种新兴的社会形态，是人类信息化发展的高级阶段，它给人民展示的是一种集约的、绿色的、智能的、可持续的、和谐的生产方式和生活方式，它要求城市的管理者和运营者把城市本身看成一个生命体，是城市发展的高级形态。

狭义的智慧城市是指以互联网、物联网、电信网、广电网、无线宽带网等网络的多样化组合为基础，以智慧产业、智慧管理、智慧服务、智慧民生、智慧人文为主要内容，优化组合各种生产要素，形成一个现代化、网络化、信息化、智能化城市。

智能电网与智慧城市

能源和信息是智慧城市发展的关键因素，在智慧城市发展中，智能电网通过广泛覆盖的基础设施和对信息网络全面感知进行数据传送和整合应用，为政府、企业提供智慧化、智能化的服务，同时保障城市基础能源——电能的供应，逐渐形成了以"能源为基础资源，保障城市智能化发展；信息为基本因素，推动城市智能化进程"的发展模式。

你能想象一下这样的场景吗？

清晨，到了起床的时间，窗帘自动打开，阳光照进屋内温柔的唤醒沉睡的你。在你洗漱的间隙，厨具自动回热昨晚谷值电价时做好的早饭；在你边吃早餐时，可以根据手机上推送的交通状况，来选择最佳的上班路线；通过智能终端要求新能源汽车自动开至楼下指定位置，下楼即开车上班。

上班的路上，智能终端将自动提醒你离公司最近、空置的充电桩并可预约，同时，你可以通过手机 APP 远程设置好办公室内灯光、温度、湿度和办公设备，进入办公室马上进入你预设的理想状态，到达公司后，新能源汽车将自动前往已预约的充电桩充电。

你坐在办公室休息的间隙，通过屏幕查看实时电价，在较低电价下点下鼠标，就可以遥控家里电器设备，当然你还可以设置某个电价下启动家里电器设备。家里洗衣机就开始洗衣，电饭煲开始做饭，空调提前开启。回到家不仅温度和湿度舒适，还可以马上吃到香喷喷的饭菜，电视自动调整到你喜欢的频道，冰箱也会提示你最喜欢的饮料缺货需要尽快补充，而且在你吃饭的时候，浴室会根据你提前选择好的 spa 模式进行调节，浴室里是你喜欢的薰衣草气息，舒缓的音乐，温馨的灯光，浴缸水温恒定。泡完澡，换上洗衣机里烘干过的柔软的衣服。卧室也已经提前调节好睡眠模式的灯光、温度和湿度，等待你睡前阅读或直接进入睡眠。晚上睡觉前，可以设置的某电价下为自己的爱车进行自动充电。

你开车去超市，会有专门的服务设备帮你把爱车停在指定的停车位，并给你一张停车卡；在超市里，佩戴智能眼镜快速精确找到你所需购买的物品；推着满载的购物车通过感应器，购物账单自行打印，不需逐一扫描条码；采购完毕，再也不用记车位号、一辆车一辆车地寻找你的爱车，只需要刷一下你的停车卡，它将自动在超市门口等你回家。

在图书馆里，把借阅的所有书籍放在指定设备前，即可完成

借还书全部流程；需政府部门办理业务，无需排队等候，直接网上预约所有流程，节时省力……

一天的用能情况、耗能情况、家里富余能源售电收益信息都将通过屏幕（手机 APP、电脑客户端或官网）展现在你眼前。通过电脑、手机 APP 等兼容设备与电网公司实时互动，不仅可以迅速查询家庭电力消耗情况，以及家庭太阳能光伏发电系统、蓄电池、热电联供等家庭发电能源的发电时间、发电量等数据。还可以实时获得电力公司根据家庭用电和发电情况、电网公司的实时电价以及电价预测情况给出的最优化家庭用电方案和输电方案。

随着科学技术的进步，这样的生活就是未来智慧城市的发展趋势。而"电力大白"将在未来的智慧城市中扮演着重要角色——全能的电力管家。根据用户的用电需求，针对其用电特点制订最优的用电策略，为用户提供个性化的定制服务。

小贴士

智慧城市和智能电网建设相互促进，共同发展。智慧城市的发展为智能电网建设营造了良好的外部环境。坚强智能电网建设已进入全面建设阶段，大量智能电网技术应用到城市各个领域，成为智慧城市的强大支撑。

智慧城市建设对智能电网的需求主要包括有：① 能源供应可靠，能源结构优化，能源利用率提高。② 城市有限土地空间资源利用更集约。③ 城市通信资源整合更优化，助推"三网融合"。④ 电网企业管理更高效，供电服务更优质、更广阔。⑤ 电网发展更智能化，实现能源与信息同步传输。⑥ 信息化与电力工业融合更深入，推动相关产业智能化转型升级。

随着城市功能的不断改进和完善，智慧城市对我们提出了更高的需求：能源供应更安全可靠，保证城市功能的正常运转；能源品质更清洁环保，减少城市污染物排放；信息资源整合更优化，促使城市资源高效利用；电网企业管理更科学，提供优质的城市供电服务；企业技术水平提升，拉动城市就业，促进经济增长，支撑相关产业转型升级。

(1) 智能电网支撑城市能源供给安全可靠

智能电网利用先进的传感、通信、控制等技术，通过推广智能变电站、输变电设备状态监测、配电自动化等，对电网的运行状态进行连续实时的监测、评估和预测，对可能存在的不良状态予以控制或改善；对可能面临的运行风险制定预防措施，提升电网风险预警能力，确保电网安全性，为城市运行提供安全可靠的能源。

能源传输管网是城市重要的基础设施，其安全规范运行关系城市正常运转，关系广大市民日常生活，一旦发生问题，就可能造成重大损失。所以必须采取措施保障管网安全，减少事故的发生。

(2) 智能电网支撑城市的绿色发展

智能电网通过开展大规模清洁能源并网、电动汽车等项目，实现电源侧的清洁替代和终端侧的电能替代，提高清洁电能在城市能源消费体系中的占比，使得城市发展清洁低碳。对于清洁能源的利用，智能电网一方面通过开展特高压、大规模风电、光伏发电的功率预测及运行控制等项目建设，提升电网对清洁能源的消纳能力，将远离城市的清洁能源源源不断地输送到城市；另一方面通过开展分布式能源接入配电网的项目，实现能源的就地平衡，推进新能源利用。电动汽车的大规模应用，使原先污染较大的燃油方式转变为清洁用电的方式，将大大减少二氧化碳的排放，促进城市交通绿色发展。

(3) 智能电网支撑城市资源高效利用

智能电网通过通信平台的建设，协助打造城市神经网络，实现城市资源的高效利用。电力行业的通信平台，不仅可以服务于电能生产、输送、转换和消费的全过程，也可以服务于其他行业的信息通信需求，使得资源高效利用。电力光纤到户还可以有效承载电信网、广播电视网和互联网信号，推进"三网融合"，减

少重复建设，通过资源共享，实现合作共赢。

（4）智能电网支撑社会服务互动友好

智能电网通过智能用电管理、双向互动服务平台等方式实现社会服务互动友好。智能小区和楼宇综合利用通信、计算机、控制等技术，基于智能用电运营平台，通过小区配电自动化、用电信息采集等手段对用能设备进行监测与控制，实现用户侧能效智能管理和服务双向互动，为用户提供更便捷、更优质的用电服务。另外，95598等双向互动服务平台也大幅提升了用电服务的互动友好性。

（5）智能电网支撑产业经济转型升级

通过设备商、电信企业、电力用户等广泛参与智能电网的研究与建设，开展合作运营，为装备制造、电动汽车、智能家电等企业的技术水平提升创造条件，拉动城市就业，促进经济增长，支撑相关产业转型升级。

综上所述，智能电网是未来智慧城市的"大动脉"，智能电网结合最新通信信息技术将为城市提供便捷高效智能化的服务。智慧城市的实现和运转离不开电网，智能电网是智慧城市的重要基础和客观需要，智能电网的应用将促进清洁能源的开发利用，优化能源结构，推动相关领域创新，为城市提供更优质的服务，实现绿色低碳生活，推动智慧城市建设加速发展。智慧城市和智能电网建设相互促进，共同发展。智慧城市的发展为智能电网建设营造良好的外部环境。

示范案例——中新天津生态城

中新天津生态城（中国的未来之城）是中国、新加坡两国政府战略性合作项目。中新天津生态城的建设目标是：建设环境生态良好、充满活力的地方经济，为企业创新提供机会，为居民提供良好的就业岗位；促进社会和谐和广泛包容的社区的形成，社区居民有很强的主人意识和归属感；建设一个有吸引力的、高生活品质的宜居城市；采用良好的环境技术和做法，促进可持续发展；更好地利用资源，产生更少的废弃物；探索未来城市开发建设的新模式，为中国城市生态保护与建设提供管理、技术、政策等方面的参考。

景观绿化
（图片来源：网络）

生态住宅
（图片来源：网络）

产业园区
（图片来源：网络）

新型能源

（图片来源：网络）

中新天津生态城智能电网综合示范工程 2011 年建成投运，成为国际上覆盖区域最广、功能最齐全的智能电网项目。其智能电网不仅可以实现智能家电的实时和远程控制，还能了解自家的用电情况，合理安排电器使用进而实现智慧用电。

中新天津生态城不仅有小型的一家一户的独立分布式光伏设备，还有集中连片的屋顶光伏系统，生态城内新能源消纳有集中式发电并入大电网、自发自用余电上网、自发自用三种模式，实现了 20% 的电力来自新能源的示范目标。2015 年用电量达 1.04 亿 kW·h，实现了清洁能源消纳率 100%。

作为中新天津生态城智能电网创新示范区子项，园区实现了分布式光伏渗透率高于 15%，光伏就地消纳率达 100%，供电可靠性达到 99.999%。同时，还开展了园区内光伏、风电、分布式储能、兆瓦级微电网、电动汽车、冷热电三联供、柔性负荷等多级能源综合协调控制的研究，未来投入使用后将实现能源的集中合理配置与消纳、能源效率的大幅提升、电网经济高效运行。

在中新天津生态城集中体现绿色、智能的是智能营业厅四层办公楼。作为天津首座智能楼宇示范项目，生态城智能营业厅利用屋顶、车棚等建筑外檐安装风机、光伏板，与储能装置共同组成楼宇微网系统，为室内办公、节能灯具、室外充电桩提供清洁电能。通过智慧用能一体化管控平台，实现楼宇温控、光照、能效、安防一体化智能自控。

目前，生态城内智能电网项目研发已从 12 项扩展到 24 项。中新天津生态城作为标志性示范项目，具有完整的建设规划，并且设定了相当高的生态指标，开发形式具有可推广、可复制和普及性。